Nilmini Samarakoon

Potencial do Aviturismo na Lagoa de Nanthikadal, Mullaitivu, Sri Lanka

Nilmini Samarakoon

Potencial do Aviturismo na Lagoa de Nanthikadal, Mullaitivu, Sri Lanka

ScienciaScripts

Imprint

Cover image: www.ingimage.com

This book is a translation from the original published under ISBN 978-620-7-45134-0.

Publisher:
Sciencia Scripts
is a trademark of
Dodo Books Indian Ocean Ltd. and OmniScriptum S.R.L publishing group

120 High Road, East Finchley, London, N2 9ED, United Kingdom
Str. Armeneasca 28/1, office 1, Chisinau MD-2012, Republic of Moldova, Europe
Printed at: see last page
ISBN: 978-620-8-13520-1

RESUMO

POTENCIAL DE PROMOÇÃO DO AVITURISMO EM HABITATS SELECCIONADOS, DISTRITO DE MULLAITIVU, SRI LANKA

S.M.H.N.P.M. Samarakoon

Instituto de Pós-Graduação em Ciências, Universidade de Peradeniya, Peradeniya, Sri Lanka

O aviturismo desempenha um papel importante no turismo da vida selvagem, contribuindo significativamente para o ecoturismo. Tem o potencial de integrar o desenvolvimento sustentável com a conservação da vida selvagem. O presente estudo centrou-se na utilização da diversidade de aves para promover o ecoturismo, especificamente o aviturismo, numa área selecionada no distrito de Mullaitivu, que consiste numa paisagem geográfica única, incluindo quatro lagoas, 208 tanques de água doce, uma floresta densa e uma extensão de 78 km de costa. Todos estes recursos oferecem boas oportunidades para a diversidade de aves, habitats de aves e potencial para o aviturismo. Além disso, a presença de infra-estruturas, tais como redes rodoviárias, ajuda a promover o aviturismo na área de estudo. O método de contagem de pontos foi utilizado para estimar a diversidade de aves na zona. A amostragem foi efectuada em nove pontos selecionados, abrangendo três tipos de habitat em torno da lagoa de Nanthikadal, uma das principais lagoas do distrito de Mullaitivu. Durante o período de estudo, foram identificadas 79 espécies de aves pertencentes a 35 famílias. As aves aquáticas foram o grupo dominante observado e, entre elas, 26 espécies eram migradoras. De acordo com o estado de conservação global/nacional, 10 espécies estavam quase ameaçadas (NT) e 3 eram endémicas. A área florestal registou a maior diversidade de aves (Índice de Shannon: 3,985), seguida da área arbustiva (3,919) e da área pantanosa (3,694). O presente estudo também explorou o potencial de promoção do aviturismo, de geração de conhecimentos sobre a diversidade das aves e de conservação das aves. A região de Mullaitivu não só tem potencial para o aviturismo, como também é um destino privilegiado para estudos ornitológicos, nomeadamente no domínio do aviturismo. Ao mesmo tempo, complementará e reforçará muitas outras opções de ecoturismo existentes.

Palavras-chave: Mullaitivu; Topografia; Ecoturismo, Aviturismo, Lagoa Nanthikadal; Endémica (E); Quase ameaçada (NT); Espécie nativa (NA); Estado de conservação nacional (NCS)

AGRADECIMENTOS

Gostaria de expressar a minha gratidão ao meu supervisor, Dr. Chaminda Wijesundara, do Departamento de Zoologia da Universidade de Peradeniya, que me orientou ao longo deste projeto. Agradeço também à minha família, mãe, pai, Prabath Pelenda, Ravija Pelenda e Imandi Pelenda. Quero também agradecer aos meus amigos que me ajudaram e me deram acesso a equipamento e uma visão pormenorizada do assunto. Estou também muito grato ao gabinete zonal de vida selvagem e florestas do distrito de Mullaitivu.

Conteúdo

LISTA DE ACRÓNIMOS E ABREVIATURAS

TIES	-	The International Ecotourism Foundation.
IPS	-	The Institute of Policy Studies of Sri Lanka.
IBA	-	Important Bird Areas.
SAD	-	Species Abundance Distribution.
WTO	-	World Tourism Organization.
M	-	Migrant
NT	-	Near threatened
R	-	Residence
NCS	-	National Conservation Status
GCS	-	Global Conservation Status

CAPÍTULO 1

INTRODUÇÃO

1. 1Antecedentes

O Sri Lanka, juntamente com os Ghats Ocidentais da Índia, é um dos 34 hotspots de biodiversidade do mundo e contém a maior biodiversidade por unidade de área entre os países asiáticos (IUCN, 2012). A vida selvagem é um dos componentes essenciais da biodiversidade. O termo "biodiversidade" é um termo geral que inclui tanto animais como plantas (IUCN, 2012). De acordo com a Associação Internacional de Ecoturismo, o ecoturismo envolve viajar para áreas naturais que protegem o ambiente e melhoram o bem-estar da população local (Badan & Bhatt, 2005). A indústria do turismo utiliza o termo 'turismo de vida selvagem' em vez de turismo de observação de vida selvagem (Tapper, 2006). O turismo de vida selvagem só pode ser sustentável se contribuir para a conservação e sobrevivência das espécies observadas e dos seus habitats. Isto beneficia as comunidades locais e o desenvolvimento comunitário e proporciona um turismo de qualidade em conformidade com as expectativas do mercado (Wight, 1993). Nos últimos 30 anos, a Província do Norte do Sri Lanka tem tido um historial de turismo pobre em comparação com outras províncias, devido à instabilidade política causada pela guerra civil.

O distrito de Mullaitivu é uma das zonas menos densamente povoadas da Província do Norte. A área é rica em biodiversidade devido à presença de extensas florestas, zonas húmidas, zonas costeiras, lagoas e mangais. As florestas densas proporcionam às populações de aves uma melhor hipótese de sobrevivência. Além disso, a abundância de massas de água proporciona excelentes oportunidades para as aves aquáticas. Para além disso, a região alberga um grande número de outras espécies de aves, aumentando assim as oportunidades de aviturismo. O aviturismo é um segmento em desenvolvimento do mercado do turismo baseado na natureza, em que os viajantes são atraídos para a região para a observação de aves. A sustentabilidade do aviturismo depende da compreensão tanto do produto do aviturismo como do desejo dos avituristas de verem determinadas espécies de aves. As zonas húmidas e as aves aquáticas estão indissociavelmente ligadas (Grimmett, & Inskipp, 2007). Segundo a Convenção de Ramsar, as aves aquáticas são definidas como aves que dependem ecologicamente das zonas húmidas (Wetlands International, 2010). Devido à diversidade de microhabitats, as aves aquáticas habitam ou utilizam temporariamente as zonas húmidas para se alimentarem, nidificarem, descansarem e formarem poleiros (Hattori & Mae, 2001).

1.2 Potencialidades do aviturismo no Sri Lanka

O Sri Lanka é constituído por uma diversidade muito rica de ecossistemas. O Sri Lanka possui condições climáticas diversas e favoráveis e recursos ambientais naturais, tais como cinco tipos de habitats florestais, incluindo florestas húmidas de folha perene, florestas de sub-montanha, florestas intermédias, florestas secas e dunas de areia, que se encontram numa área de aproximadamente 64550 km2. Além disso, um número significativo de terras húmidas, massas de água doce e lagoas são ecossistemas muito importantes. Esta diversidade de vida confere ao Sri Lanka o cobiçado título de ser reconhecido como um dos dez "hot spots" mundiais de biodiversidade. Os factores acima referidos são muito importantes para a diversidade das aves, uma vez que existem zonas de alimentação suficientes, habitats não perturbados e um ambiente ideal para todas as suas interações e sobrevivência. Existem atualmente 510 espécies de aves registadas no Sri Lanka, incluindo 238 espécies de residentes reprodutores, 34 espécies endémicas, um número considerável de aves migratórias regulares e 72 espécies vagabundas (Birdlife International, 2022). Além disso, foram identificadas no Sri Lanka 164 espécies de aves aquáticas em 23 famílias (Wijesundara et al., 2017). As zonas húmidas do Sri Lanka são o destino final de milhares de aves migratórias que, todos os anos, migram para sul ao longo da rota migratória da Ásia Central (Wijesundara et al., 2017). As aves migratórias que utilizam a rota migratória da Ásia Central usam cinco portas principais para entrar no Sri Lanka, três das quais se situam nas províncias do norte do Sri Lanka (Kotagama, & Ratnavira, 2010).

As aves são relativamente fáceis de observar e monitorizar. Por conseguinte, o conceito de utilização das aves como indicador natural tem um grande potencial para desenvolver o aviturismo e a sua utilização para identificar ecossistemas bio-diversos é agora amplamente aceite em todo o mundo (O`Connell et al., 2000); FOGSL, 2003); Niemi & McDonald, 2004), Schulze et al., 2004). Canterbury et al. (2000) verificaram que as populações de aves e os habitats associados (comunidades de habitats) parecem ser um instrumento particularmente útil na monitorização ambiental, estando o número de espécies individuais positivamente correlacionado com a riqueza de espécies da comunidade.

1.3 Situação atual do aviturismo no Sri Lanka

Embora seja muito difícil obter dados fiáveis, o Plano Estratégico de Turismo do Sri Lanka para 2017-2028 identificou o aviturismo como um importante segmento de nicho de mercado a promover. De acordo com os pormenores disponibilizados no plano, a razão para identificar o aviturismo como uma importante área de foco são os dados obtidos no Inquérito Anual aos Turistas Estrangeiros que Partem (2015). Para além disso, outras áreas importantes para as aves incluem o Parque Nacional de Bundala, o Santuário de Aves de Kalametiya, a Floresta Tropical de Sinharaja, a Reserva Florestal de Bodinagala, o Santuário do Pico Selvagem, a Reserva Florestal de Kitulgala, Yala, Wilpattu, Udawalawe, Wasgamuwa, Minneriya e o Parque Nacional das Planícies de Horton. Os numerosos tanques, reservatórios, lagoas, pântanos, lagos e rios também apresentam um elevado potencial para a observação de aves. Na Província do Norte, o Santuário de Vankalai (um dos melhores locais do Sri Lanka para a observação de aves durante a época das aves migratórias, especialmente de setembro a finais de junho.

1.4 O Aviturismo como "revolução verde" para os países em desenvolvimento

Os observadores de aves visitam frequentemente locais fora da época turística ou locais que não têm outras atracções turísticas (Kerlinger & Brett 1995). Os observadores de aves, tal como a maioria dos ecoturistas, têm um elevado nível de educação, tanto em termos de educação convencional como em termos de conhecimentos ecológicos e de uma maior sensibilização para as questões de conservação (Cordell & Herbert 2002). Em comparação com a média dos ecoturistas, os observadores de aves são também mais independentes, concentrados e empenhados (Page & Dowling 2002). As elevadas expectativas de muitos observadores de aves, combinadas com os seus rendimentos médios elevados, podem resultar em grandes contribuições financeiras para as localidades visitadas (Kerlinger & Brett 1995). Dada a sua educação e as suas elevadas expectativas, os observadores de aves são mais susceptíveis de fazer esforços para reduzir o seu impacto ambiental, de apreciar a distinção e o significado dos diferentes ecossistemas e de pagar as taxas exigidas para as áreas protegidas durante a viagem do que os outros ecoturistas, embora tenha havido muito pouca investigação sobre estas questões (Hill et al. 1997).

A observação de aves é o ato de observar e identificar aves nos seus habitats nativos. Os observadores de aves são uma das melhores fontes de rendimento do ecoturismo, uma vez que constituem o maior grupo individual de ecoturistas. Frequentemente têm um bom nível de educação e rendimentos acima da média (Ceballos-Lascuráin 1996; Cordell & Herbert 2002). O rápido crescimento da observação de aves e o seu elevado potencial de motivação financeira para as populações locais protegerem as áreas naturais merecem uma análise exaustiva da observação de aves numa perspetiva de biologia da conservação. Nos países menos desenvolvidos, quase não existem dados sobre os impactos ecológicos, económicos e sociais da observação de aves (Groom et al., 1991; Munn, 1992). De um modo geral, existe uma necessidade premente de dados sobre as contribuições financeiras e os impactos ambientais dos observadores de aves independentes e das empresas turísticas que se dedicam à observação de aves, especialmente o aviturismo, ou "turismo ornitológico". É vital para países em desenvolvimento como o Sri Lanka por várias razões, uma vez que pode contribuir significativamente para o desenvolvimento económico, a conservação ambiental, o envolvimento da comunidade e a preservação cultural.

Impulsionada pelo ambientalismo ocidental, uma nova Revolução Verde, sob a forma de ecoturismo, está a varrer o Terceiro Mundo, juntamente com os esforços dos líderes de mercado orientados para a eliminação de todas as barreiras às viagens, incluindo: barreiras físicas, barreiras económicas, barreiras organizacionais e barreiras legais. Os factos e as deliberações acima referidos levam à conclusão de que o ecoturismo cria mais perdedores do que vencedores e que os impactos na sociedade e na natureza assumirão proporções desastrosas, especialmente nos países pobres. Muitas das alegações relativas aos benefícios do ecoturismo foram exageradas, ou devem-se mais à rotulagem e ao marketing, uma vez que esses projectos são frequentemente planeados e realizados sem o consentimento e o apoio locais e, na verdade, ameaçam, em vez de beneficiarem, as culturas das populações locais, as suas economias de subsistência e a base de recursos naturais que sustenta a vida. É por isso que os críticos consideram o ecoturismo mais como uma "fachada ecológica" e como uma tática para ocultar as práticas consumistas e exploradoras da indústria do turismo convencional, "tornando-a mais verde" (Bramwell, B./Lane, B. (1993), No entanto, a tendência para esquemas de desenvolvimento turístico - projectados como empreendimentos sustentáveis, baseados na natureza, suaves, verdes e de ecoturismo - gerou um debate público considerável e preocupação devido às suas potenciais implicações graves na natureza e na sociedade, particularmente nos países do Sul. Há preocupações bem fundamentadas de que o ecoturismo carece de bases científicas adequadas e, por conseguinte, não está bem equipado para chegar a soluções sustentáveis e praticáveis para a crise social e ambiental global. O Banco Mundial, por exemplo, tem financiado um número crescente de programas de biodiversidade que incluem uma componente de ecoturismo, embora haja poucos indícios de que disponha dos conhecimentos e meios internos para desenvolver uma política concreta neste domínio (Boo, E. 1990).

Objectivos

O objetivo geral deste estudo foi medir a diversidade avifaunística para avaliar os recursos de vida selvagem que têm potencial para apoiar o aviturismo na zona.

Os objectivos específicos eram:

1. Medir a diversidade dos grupos de avifauna com elevado potencial de promoção do aviturismo, e

2. Fazer recomendações para o desenvolvimento do ecoturismo sustentável, especificamente o aviturismo, na área de estudo.

CAPÍTULO 2

REVISÃO DA LITERATURA

2.1 Ecoturismo, Aviturismo e Abordagens à Conservação da Biodiversidade

O ecoturismo é um subconjunto do turismo mais vasto baseado na natureza que inclui várias componentes, como benefícios para a comunidade, educação, sustentabilidade e ética (Brandon, 1996; Buckley, 2004; Fennell, 1999; Goodwin, 1996; Honey, 1999). A visão turística do Sri Lanka baseia-se no conceito de respeito pelas raízes e pela força, fundação e identidade que as raízes de cada um proporcionam (Sri Lanka Tourism Vision, 2020). Esta filosofia posiciona o turismo como um meio de preservar, proteger e melhorar o rico património natural e cultural do Sri Lanka. Não se trata de os explorar e destruir. Este sector desempenha um papel fundamental na maximização dos benefícios ambientais e económicos do turismo baseado na natureza e na cultura, desde as civilizações antigas, passando pelos tempos coloniais, até à história moderna. Ajuda a criar uma cultura de respeito mútuo por todos os seres, humanos e outros organismos. Além disso, o Instituto de Estudos Políticos (IPS) do Sri Lanka, a agência de investigação, apresentou um plano global para promover e gerir o turismo de natureza no Sri Lanka (Mathews, 2000).

O ecoturismo é definido como "viagens responsáveis a áreas naturais que conservam o ambiente, sustentam o bem-estar da população local e envolvem interpretação e educação" (TIES, 2015). O ecoturismo é um nicho importante na indústria do turismo de interesse especial. Em todo o mundo, é um dos sectores de crescimento mais rápido na indústria do turismo. É particularmente importante para as economias dos países em desenvolvimento que têm muitas atracções naturais, mas recursos limitados para desenvolver instalações para o turismo convencional. O ecoturismo atrai pessoas que desejam visitar ambientes relativamente intactos para desfrutar e apreciar a natureza. A maior parte das atracções de ecoturismo tem uma forte ênfase em proporcionar aos seus hóspedes uma compreensão do ambiente através de experiências em primeira mão, tais como passeios guiados e safaris de vida selvagem.

Os três principais critérios para o ecoturismo são 'factores baseados na natureza', 'factores de ensino e aprendizagem' e 'requisitos de sustentabilidade' (Weaver, 2001a; 2001b). Honey (1999) sugere que o "verdadeiro ecoturismo" tem três caraterísticas: "Benefícios e capacitação da população local", "Respeito pela cultura local", "Apoio aos direitos humanos e aos movimentos democráticos".

Atualmente, o ecoturismo está a receber mais atenção por parte dos governos e dos grupos de conservação, porque pode proporcionar benefícios económicos e ambientais ao mesmo tempo. A Sociedade Internacional de Ecoturismo (TIES) é a maior e mais antiga associação de ecoturismo, dedicada à promoção do ecoturismo e à criação de políticas, normas, formação, recursos educativos e apoio técnico. A Organização Mundial de Turismo das Nações Unidas tem-se empenhado e promovido o desenvolvimento do ecoturismo desde o início da década de 1990 e produziu uma série de diretrizes que descrevem as caraterísticas do ecoturismo (Organização Mundial de Turismo, 2005).

O aviturismo, que significa "turismo ornitológico", é uma das principais componentes do ecoturismo. A observação de aves tem sido um ponto focal de entretenimento e recreação desde o século XVIII (Moss, 2004). No início, a observação de aves envolvia frequentemente a recolha de espécimes de aves e de ovos para colecções privadas e institucionais. Na década de 1900, houve apelos à conservação das aves, desencorajando a recolha de amostras na natureza e incentivando a observação de aves (Moss, 2004). Desde então, a observação de aves tornou-se um passatempo popular e crescente, especialmente nos países desenvolvidos (Wiedner & Kerlinger, 1990; Cordell & Herbert, 2002); Şekercioğlu, 2002). Além disso, à medida que as pessoas se tornaram mais ricas e a tecnologia melhorou, desenvolveu-se uma indústria importante baseada no fornecimento aos observadores de aves do equipamento de que necessitavam para a observação de aves (Hvenegaard et al., 1989; Wiedner & Kerlinger, 1990). Os indicadores ambientais desempenham um papel importante nas respostas de conservação e na gestão do uso do solo, constituindo resumos simplificados que sintetizam vários conjuntos de dados ou informações específicas no âmbito de sistemas complexos (Jackson et al., 2000). Devido à sua visibilidade e mobilidade, à dimensão com que utilizam as paisagens, à diversidade, à participação nas cadeias alimentares, às respostas integradas a numerosas pressões, à relação com determinados tipos de habitat e à atratividade geral, as aves são consideradas indicadores úteis da qualidade ambiental (Gregory et al., 2004; 2005). Por conseguinte, os indicadores de aves oferecem métodos úteis para avaliar a saúde dos ecossistemas, mesmo em sistemas de água doce e de zonas húmidas.

Os observadores de aves partilham geralmente um elo comum: o desejo de avistar e procurar aves em condições naturais. As motivações, os métodos e a dedicação dos observadores de aves também variam muito (Lee & Scott, 2004; Connell, 2009; Kim et al., 2010). Os observadores de aves parecem ter a reputação, entre grande parte da comunidade em geral, de fanáticos que só estão interessados em fazer uma "lista de vida" (ou seja, uma lista das espécies que viram desde que começaram o seu hobby). No entanto, (Connell, 2009) expande os subgrupos profissionais matizados da comunidade de observadores de aves. Em primeiro lugar, um "observador de aves" é um termo geral para qualquer pessoa que tenha um interesse genuíno em observar aves na natureza. A maioria dos observadores de aves descreve-se como "birders" (Connell, 2009) e afirma ter uma preocupação mais profunda com as aves, incluindo a ecologia e a conservação. Quanto mais avançado for o observador de aves, maior é a probabilidade de viajar para mais longe para ver mais aves. As aves ameaçadas de extinção são cada vez mais procuradas durante as actividades de aviturismo (Hvenegaard 2012). Por conseguinte, uma melhor compreensão dos observadores de aves e das suas práticas é importante tanto do ponto de vista do turismo como da conservação. Estudos sugerem que os avituristas estão entre os turistas naturais mais ricos (Hvenegaard et al., 1989; Kerlinger, 1993; Cordell & Herbert, 2002; Şekercioğlu, 2003).

O turismo baseado na natureza baseia-se nas atracções naturais de uma área e estes turistas experienciais estão interessados numa diversidade de recursos naturais e culturais. O turismo de vida selvagem é uma parte importante do turismo baseado na natureza, e o aviturismo é uma parte importante do turismo de vida selvagem, respetivamente (Wearing & Neil, 2009; Newsome et al., 2005). Por conseguinte, o aviturismo é uma indústria em rápido crescimento, particularmente nos países em desenvolvimento com uma biodiversidade rica. Devido à paixão e ao zelo associados a esta atividade de lazer, os observadores de aves visitam zonas remotas, trazendo consigo oportunidades de subsistência para os habitantes locais. Foram efectuadas análises prévias do potencial crescimento global do aviturismo (Steven et al., 2014). Os possíveis efeitos da observação de aves, dos destinos de observação de aves, dos festivais de observação de aves, dos eventos migratórios e os seus efeitos na população local foram todos estudados (Biggs, et al., 2011; Puhakka, et al., 2011; Lawton, 2009). É necessário estabelecer ligações específicas a nível regional entre o ecoturismo de observação de aves, a conservação ambiental e os co-benefícios económicos, uma vez que o aviturismo tem um grande potencial para beneficiar as comunidades locais. Uma vez que o aviturismo tem um potencial tão grande para beneficiar as comunidades locais, é necessário estabelecer relações específicas a nível regional entre o ecoturismo de observação de aves, a conservação do ambiente e os co-benefícios económicos.

Nos últimos tempos, a maior parte da investigação publicada sobre aves da província setentrional do Sri Lanka centrou-se na diversidade e abundância de aves aquáticas. Os estudos identificaram um número considerável de zonas de observação de aves com um elevado potencial de aviturismo na região norte do Sri Lanca. (Wijesundara et al., 2015; Wijesundara et al., 2016; Wijesundara et al., 2017; Wijesundara et al, 2018; Rajkumar, & Wijesundara, 2014; Wijesundara & Rajkumar, 2016; Wijesundara & Rajkumar, 2017; Rajkumar, & Wijesundara, 2015a; Rajkumar & Wijesundara, 2015b; Kandasamy et al, 2016; Kandasamy et al., 2017a; Kandasamy et al., 2017b; Kandasamy et al., 2017c; Kandasamy et al., 2017d; Kandasamy et al., 2018). O Conselho Internacional para a Conservação das Aves foi criado em (1922) e renasceu como BirdLife International em (1993). Desde então, a BirdLife International tem estado na vanguarda dos esforços globais de conservação das aves com parceiros nacionais, implementando programas e estratégias para alcançar a conservação das aves. Isto proporciona uma oportunidade para reforçar os esforços de conservação e uma oportunidade para as comunidades locais desempenharem um papel ativo na gestão sustentável e na gestão das terras (Hughes, 2005).

As interações que ocorrem nas aves com o ambiente biológico e físico podem implicar, direta ou indiretamente, a conservação dos ecossistemas (Brooker, 2002; Gregory et al., 2003; Gregory, 2006); por conseguinte, uma abordagem baseada na conservação das aves beneficiaria também muitas outras espécies. Um mecanismo que fornece financiamento para atingir os objectivos de conservação de vários taxa é o turismo (Buckley et al., 2012; Morrison et al., 2012; Steven et al., 2013). Além disso, existem razões claras para concentrar a investigação em áreas de elevada diversidade e endemismo de aves, bem como de diversidade biológica. Além disso, pouca investigação foi feita sobre as potenciais ligações e oportunidades entre a observação de aves, o aviturismo e a conservação das aves, incluindo se as actividades de aviturismo representam ameaças específicas para as aves. Dado que a rede de IBA abrange vários tipos de terrenos (por exemplo, públicos, privados, comunitários, etc.), é importante examinar a forma como estas áreas são percepcionadas e subsequentemente utilizadas pelos observadores de aves (aqui no contexto do turismo). Estes estudos podem revelar oportunidades para aumentar a atividade de turismo aéreo e o apoio à conservação, mas também áreas que requerem atenção em termos de gestão, uma vez que estas áreas são "adoradas até à morte" pelos observadores de aves.

2.2 Potencial para as aves aquáticas na Província do Norte

Recentemente, várias áreas que incluem habitats importantes de aves aquáticas foram declaradas ou propostas como áreas protegidas, incluindo dois santuários actualizados para o estatuto de Parque Nacional em 2015, ou seja, o Parque Nacional de Chundikulam e o Parque Nacional de Madu Road, ambos actualizados para o estatuto de Parque Nacional a partir do estatuto de Santuário (Diário do Governo do Sri Lanka n.º 1920/3, 2015). Além disso, foi proposta a elevação do Santuário de Kokilai a Parque Nacional, incluindo a área adjacente da Lagoa Nayaru (Mallawatantri et al., 2014). Esta área também inclui habitats de aves aquáticas altamente significativos.

Toda a faixa costeira e pelágica a norte de Iluppai Kadavai, a sul de Toddaveli, em Mannar, foi muito recentemente (2016) declarada Reserva Natural de Vidaththaltivu (Department of Wildlife Conservation Sri Lanka, 2017). Um grande número de aves migratórias utiliza esta zona todos os anos. Por exemplo, mais de um milhão de aves migratórias foram registadas em Vidaththaltivu em 2010 (Sirivardana, & Hettige, 2010; Warakagoda et al., 2012). Além disso, 116 espécies de aves aquáticas pertencentes a 23 famílias foram registadas em Jaffna, Kilinochchi, Mullaitivu e Mannar, na região norte do Sri Lanka, num estudo anterior (Wijesundara et al., 2017). A lagoa de Nanthikadal foi proposta como santuário e o restabelecimento do santuário de Vavunikulum também foi proposto (Mallawatantri et al. (2014). Estas duas áreas são importantes como habitats para aves aquáticas residentes e migratórias. A atual área de estudo, a lagoa de Nanthikadal no distrito de Mullaitivu, tem grandes extensões de habitats privilegiados para aves aquáticas, como zonas pantanosas e salinas. As comunidades de aves aquáticas não foram estudadas em muitas zonas da região norte do Sri Lanka, incluindo a lagoa de Nanthikadal, uma vez que a zona esteve inacessível durante três décadas devido a um conflito armado.

São necessárias colaborações entre as comunidades das ciências naturais e sociais para investigar as atitudes dos actuais visitantes de aviturismo em relação às aves, aos habitats das aves e à conservação das aves, a fim de desenvolver um aviturismo sustentável nesta região. Além disso, são necessários estudos mais aprofundados para avaliar grupos de aves e locais específicos na região de Mullaitivu, no Sri Lanka, que possam atrair e promover visitantes. Encontrar oportunidades para o crescimento do aviturismo e identificar locais que possam ser vulneráveis aos potenciais inconvenientes da indústria são os objectivos deste tipo de investigação. Assim, o presente estudo foi realizado para documentar a diversidade e a abundância de aves aquáticas e terrestres numa área selecionada do distrito de Mullaitivu e para descobrir o potencial e promover o aviturismo nesta região.

CAPÍTULO 3

METODOLOGIA

Foram utilizados dados primários e secundários para explorar a natureza exploratória da investigação para análise qualitativa e quantitativa. As fontes primárias, como a recolha de dados de base, as observações e as visitas ao terreno, serão utilizadas sempre que possível para limitar os enviesamentos metodológicos. Simultaneamente, foram utilizadas fontes secundárias, tais como revistas em linha, registos, publicações, registos governamentais e fontes não publicadas.

3.1 Recolha de dados secundários

3.1.1 Área de estudo

O distrito de Mullaitivu (90° 14' N, 80° 32' E) foi declarado distrito em 1979 e está localizado na província do Norte do Sri Lanka. Os distritos de Jaffna e Kilinochchi delimitam-no a norte, o Oceano Índico a leste, os distritos de Trincomalee e Vavunia a sul e o distrito de Mannar a oeste. A área total do distrito é de aproximadamente 2.616,9 quilómetros quadrados.

Figura 1 Locais de recolha de dados na lagoa de Nanthikadal. Fonte: Google Maps

A zona de estudo é a lagoa de Nanthikadal, no distrito de Mullaitivu, província do Norte do Sri Lanka. Nanthikadal é uma lagoa relativamente grande, situada no distrito de Mullaitivu, que se estende por cerca de 3 120 hectares. Esta lagoa em particular está ligada ao mar por uma boca estreita e comprida com cerca de 2 km de comprimento e encontra o mar em Wadduwakkal. (Os pontos vermelhos representam as áreas selecionadas e os valores GPA).

3.1.2 Estrutura administrativa

O distrito tem seis secretariados divisionais, nomeadamente Maritimepattu, Puthukkudiyiruppu, Oddusuddan, Thunukkai, Manthai East e Welioya. Existem 127 divisões Grama Niladhari e 624 aldeias. Administrativamente, o distrito faz parte do círculo eleitoral de Vanni e tem cinco sucursais no Pradeshiya Sabha.

3.1. 3Topografia

A topografia de Mullaitivu é plana, com uma ligeira inclinação para leste e norte. O distrito tem uma linha costeira de 70 km de comprimento e existem quatro lagoas: Kokilai, Nayaru, Nanthikadal e Masaran. A elevação varia desde o nível do mar até 36,5 metros acima do nível médio do mar.

3.1.4 Clima - Precipitação e Temperatura

O distrito de Mullaitivu está situado na zona seca do Sri Lanka. A precipitação média anual nesta área varia entre 1200 mm e 1900 mm, mostrando um padrão de precipitação bimodal. A temperatura varia entre 23 e 39 ºC. A estação das monções do nordeste dura do início de outubro a janeiro e é a época mais húmida e fria do ano (Naveendrakumar et al., 2018).

3.1.5 Estrutura da população

A densidade populacional do distrito é de 36,65 pessoas por quilómetro quadrado e o rácio terra/habitante é de 2,73 ha por pessoa (Fonte: Departamento de Censos e Estatísticas). Em comparação com outros distritos do país, o distrito de Mullaitivu tem a densidade populacional mais baixa e o rácio mais elevado de população rural e masculina.

3.1.6 Recursos hídricos

Para além das quatro grandes lagoas, existem três grandes tanques, 16 tanques médios e 208 pequenos tanques com áreas de comando de 5.791 ha, 2.794 ha e 5.098 ha, respetivamente. Não há grandes rios perenes disponíveis para fornecer irrigação para o cultivo.

3.1.7Estradas e caminhos-de-ferro

A rede de estradas no distrito foi alargada nos últimos anos. A Figura 3 mostra a rede rodoviária do distrito. As estradas principais ligam as cidades de Mannar, Kilinochchi, Jaffna, Vavunia, Trincomalee e Mullaitivu.

3.1.8 Instalações de telecomunicações

Atualmente, apenas cerca de 50% do distrito está coberto pela rede de telecomunicações do Sri Lanka. Os telemóveis e o correio eletrónico estão disponíveis em todo o distrito.

3.1.9 Utilização e ocupação do solo no distrito de Mullaitivu

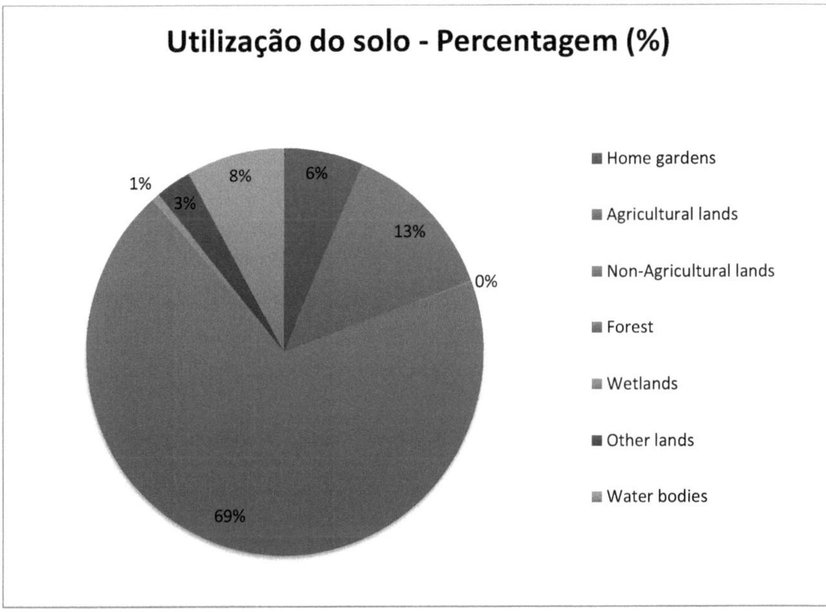

Figura 2- Utilização e ocupação do solo do distrito de Mullaitivu (Fonte: Plano de utilização do solo 2020)

De acordo com os tipos de floresta, o distrito de Mullaitivu é maioritariamente constituído por florestas mistas secas de folha persistente. As lagoas, os pântanos estuarinos e as florestas de pântanos são caracterizados por dunas com vegetação rasteira ou atarracada, como a vegetação costeira. Este tipo de vegetação, também chamada vegetação marinha, ocorre ao longo das faixas costeiras, por vezes 1-2 km para o interior. As praias e as dunas são mais largas e mais proeminentes nas regiões áridas do que nas zonas húmidas. A maior parte destas árvores e arbustos apresentam caraterísticas xerófitas.

3.2 Recolha de dados primários

3.2.1 Método de contagem de dados

O método de contagem de pontos (Bibby et al., 2000; Gilbert et al., 1998; Shewry e Shaw, 2005; Komdeur et al., 1992) foi utilizado para estimar a diversidade avifaunística na área selecionada. Este método fornece uma forma normalizada de recolher dados, o que é crucial para comparar as populações de aves em diferentes locais e épocas. A normalização permite uma melhor monitorização e avaliação das tendências. As contagens pontuais podem cobrir rapidamente uma grande área. Ao contar as aves em vários pontos de uma área de estudo, é possível obter uma amostra representativa da população de aves num período de tempo relativamente curto. O método fornece estimativas da abundância relativa de aves numa zona. Embora não forneça contagens populacionais exactas, é útil para comparar a abundância de espécies diferentes ou comparar a mesma espécie entre sítios, e o método de contagem pontual é não-invasivo e não prejudica nem perturba as aves. O método pode ser adaptado a vários habitats e locais, desde florestas e prados a zonas urbanas, o que o torna versátil para uma vasta gama de estudos sobre aves. Mencionar as razões que me levaram a selecionar o método de contagem de pontos para a recolha de dados primários.

O estudo foi efectuado em nove locais na lagoa de Nanthikadal (Figura 5). Estes locais foram divididos em três secções, com base no tipo de vegetação: vegetação pantanosa, vegetação florestal e vegetação arbustiva. Foram utilizadas contagens pontuais com uma distância radial de 20 m para contar as aves. As contagens pontuais foram efectuadas semanalmente. As horas de pico de observação foram entre as 0600-0900 h e as 1600-1800 h. Os dados foram recolhidos utilizando um procedimento de amostragem aleatória de março a julho de 2022. Cada sítio foi visitado várias vezes durante o período de estudo. Foram utilizados binóculos (Nikon 8 × 40) para observar as aves. Cada ave individual vista ou ouvida foi registada. Dado que condições meteorológicas extremas podem afetar a atividade das aves (Bibby et al., 2000), não foram feitas observações para evitar possíveis distorções em condições meteorológicas como a chuva intensa. O índice de diversidade de Shannon, o índice de diversidade de Simpson e as medidas de abundância relativa foram calculados para cada tipo de vegetação. A nomenclatura das espécies seguiu (Clements et al., 2022; Kaluthota e Kotagama, 2009, & Ripley, 1982).

3.2.2 Aspectos estatísticos da conceção e da análise

3.2.2.1 Abundância relativa

A abundância de espécies é o número de indivíduos por espécie, e a abundância relativa refere-se à uniformidade da distribuição dos indivíduos entre as espécies numa comunidade (Bibi & Ali, 2013).

$$\text{Relative Abundance \%} = (nsi/\sum Nsi) \times 100 \qquad (1)$$

Onde,

n si =Número de indivíduos de uma determinada espécie

$\sum Nsi$ =abundância total de aves

3.2.2.2 Índice de Diversidade de Shannon-Wiener

O índice de Shannon foi estimado utilizando a seguinte equação (Shannon, 1949): Outro índice de diversidade amplamente utilizado que também considera tanto a riqueza como a equitabilidade das espécies é o índice de diversidade de Shannon-Weiner, originalmente proposto por Claude Shannon em 1948. É também conhecido como índice de diversidade de Shannon. O índice está relacionado com o conceito de incerteza. Se, por exemplo, uma comunidade tiver uma diversidade muito baixa, podemos estar razoavelmente seguros da identidade de um organismo que possamos escolher ao acaso (alta certeza ou baixa incerteza). Se uma comunidade for altamente diversificada e escolhermos um organismo ao acaso, temos uma maior incerteza quanto à espécie que iremos escolher (baixa certeza ou alta incerteza).

$$H' = -\sum (Pi)\log2(Pi) \qquad (2)$$

Onde,

H' = Índice de Diversidade de Shannon-Wiener

Pi = Proporção de indivíduos de i^{th} espécies numa comunidade:

Pi = n / N,

n = Indivíduos de um determinado tipo/espécie

N = Número total de indivíduos numa comunidade

3.2.2.3 Equivalência de Shannon das espécies

O índice de uniformidade de Shannon fornece informações sobre a composição e a riqueza da área. É calculado dividindo o índice de diversidade de Shannon pelo seu valor máximo. Por conseguinte, varia entre 0 e 1 e é relativamente fácil de interpretar.

A uniformidade de Shannon foi estimada através da seguinte equação:

$$E = \text{Evenness} = H'/\text{Hmax} = \frac{H'}{\text{Hmax}} \quad \text{...} (3)$$

Onde,

E = Regularidade

H_{max} = Valor máximo do índice de Shannon

H' = Índice de Diversidade de Shannon-Wiener

3.2.2.4 Índice de Diversidade de Simpson (D)

Simpson (1949) propôs a primeira medida não paramétrica da diversidade de espécies numa comunidade. O índice de Simpson é uma das formas mais populares e robustas de medir a diversidade numa comunidade; à medida que D aumenta, a diversidade diminui. Para uma população infinita, este índice é dado por:

$$D = \sum \left(\frac{n}{N}\right).^{2} \quad \text{...................................} (4)$$

Onde,

D = Índice de Simpson

N = o número total de indivíduos de uma determinada espécie

n = Número de indivíduos na i^{th} Espécie

Para converter esta probabilidade numa medida de diversidade, a maioria dos trabalhadores sugeriu a utilização do complemento da medida original de Simpson. O valor do índice de diversidade de Simpson varia entre 0 e 1. Quanto maior o valor, menor a diversidade.

$$D = \frac{\Sigma n(n-1)}{N(N-1)} \quad \text{................................} (5)$$

Onde,

N=- O número total de indivíduos de uma determinada espécie

n_i = Número de indivíduos pertencentes à espécie i [th]

D = Índice de Simpson

3.2.2.5 Índice de diversidade de Simpson, fórmula relacionada,

Este valor foi calculado da seguinte forma,

Índice de Diversidade de Simpson = 1 - D

$$1 - D = 1 - \sum . (Pi).^2 \quad \text{............... (6)}$$

Onde,

P_i = Proporção de espécies na comunidade

3.2.2.6 Índice recíproco de Simpson

Este valor foi calculado da seguinte forma,

Índice recíproco de Simpsons = 1 / D = $1/\sum . (Pi).^2$ ....(7)

O valor mais baixo para este índice é 1, e o valor mais alto é igual ao número de espécies. Quanto mais elevado for o valor do índice recíproco, maior é a diversidade da comunidade. Um índice de diversidade próximo de 1 significa que existem várias espécies na comunidade e que a proporção populacional das espécies é uniforme. Um índice de diversidade de Simpson baixo significa que a comunidade não é muito diversificada (Simpson, 1949).

CAPÍTULO 4

RESULTADOS E DISCUSSÃO

4.1 Espécies de aves registadas em três tipos de vegetação na área de estudo

As espécies de aves aquáticas e terrestres na área de estudo estão listadas no anexo 1. Durante o período de estudo, foram identificadas 79 espécies de aves pertencentes a 35 famílias. As aves aquáticas foram as espécies dominantes. Das espécies de aves registadas, 26 eram migradoras (M) e 52 residentes (R). De acordo com o estado de conservação global/estado de conservação nacional, 10 espécies estavam Quase Ameaçadas (NT) e 3 espécies eram endémicas (EN). A família Ardeidae foi a dominante, incluindo 9 espécies, 20 migratórias e 11 residentes (R). As famílias Scolopacidae e Accipitridae ficaram em segundo lugar com 7 espécies. Em especial, foram recodificadas 26 aves migradoras, o que se deve ao facto de, durante o período do meu estudo, cerca de dois meses estarem incluídos na época migratória.

4.2 Potencial para aves que atraem turistas

As aves migratórias são importantes para o turismo ornitológico devido às suas caraterísticas e comportamentos únicos, que atraem observadores de aves e entusiastas da natureza de todo o mundo. Eis várias razões pelas quais as aves migratórias contribuem para o atrativo do turismo ornitológico.

O Sri Lanka, incluindo a sua província do Norte, situa-se ao longo da rota migratória Ásia Oriental-Australásia (EAAF). A rota migratória Ásia Oriental-Australásia é uma das principais rotas migratórias de aves do mundo, ligando zonas de reprodução nas regiões árcticas e sub-árcticas a zonas não reprodutoras no Sudeste Asiático, na Austrália e nas ilhas do Pacífico.

A Província do Norte do Sri Lanka, com os seus diversos ecossistemas, incluindo zonas húmidas, linhas costeiras e outros habitats adequados, serve de ponto de paragem crucial para as aves migratórias ao longo desta rota migratória. As aves migratórias utilizam estas zonas para descansar, alimentar-se e reabastecer-se durante as suas longas viagens.

Especificamente, na Província do Norte, podem ser observadas aves migratórias associadas às seguintes rotas migratórias:

1. Rota migratória Ásia Oriental-Australásia (EAAF):

Esta rota de voo passa pela Província do Norte, com as aves a viajar entre os locais de reprodução na Sibéria e no Ártico e os locais de invernada no Sudeste Asiático, Austrália e Nova Zelândia.

2. Rota migratória da Ásia Central:

- Embora não seja tão proeminente como a rota migratória Ásia Oriental-Australásia, a rota migratória da Ásia Central também tem alguma sobreposição com o Sri Lanka. As aves que utilizam esta rota de voo reproduzem-se na Ásia Central e migram para o Sul da Ásia, podendo alguns indivíduos chegar ao Sri Lanka.

As espécies de aves migratórias comuns que podem ser observadas na Província do Norte durante as épocas de migração incluem várias aves aquáticas, aves costeiras, aves de rapina e passeriformes. As espécies específicas e o momento da migração podem variar consoante a estação e os habitats específicos da região. Os observadores de aves e os conservacionistas concentram-se frequentemente nas principais zonas húmidas e regiões costeiras para observar e estudar as aves migratórias. É importante notar que os esforços de conservação e a preservação do habitat nestas áreas são fundamentais para garantir o bem-estar das populações de aves migratórias. Os guias e organizações locais de observação de aves podem fornecer informações valiosas sobre as melhores alturas e locais para observar aves migratórias na província do Norte do Sri Lanka.

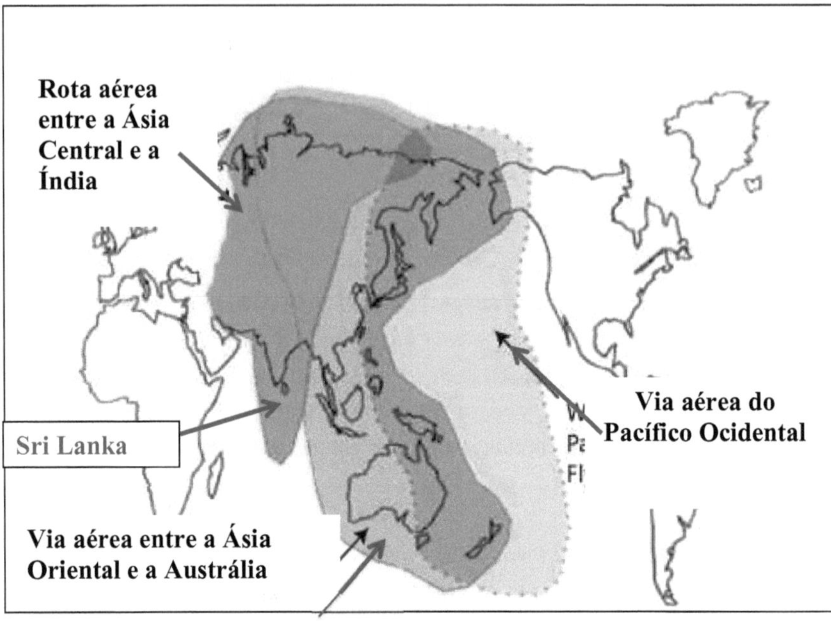

Figura 3 Vias aéreas das aves migratórias

As aves endémicas são cruciais para o turismo ornitológico devido à sua singularidade, importância em termos de biodiversidade, valor de conservação, impacto económico, oportunidades educativas e ao seu papel na promoção de um turismo sustentável e responsável. A proteção e conservação destas aves e dos seus habitats é fundamental para garantir a sua contribuição contínua para o turismo ornitológico e para o ecossistema em geral. O turismo ornitológico que envolve espécies endémicas dá ênfase a práticas de turismo sustentável, incentivando comportamentos responsáveis e interações éticas com a vida selvagem. Este enfoque na sustentabilidade é essencial para preservar os frágeis ecossistemas de que estas aves dependem. O fascínio de ver aves endémicas incentiva o turismo internacional. Os observadores de aves viajam de diferentes partes do mundo para regiões específicas, a fim de assinalar espécies endémicas únicas nas suas listas de observação de aves, promovendo ainda mais o turismo e o intercâmbio cultural

As aves ameaçadas, que são espécies que enfrentam um risco elevado de extinção ou um declínio significativo da população, são importantes para o turismo ornitológico por várias razões. Estas aves desempenham um papel significativo no turismo ornitológico, promovendo a sensibilização para a conservação, incentivando práticas de turismo sustentável, proporcionando oportunidades de investigação, estimulando o crescimento económico, atraindo visitantes e apoiando o financiamento de esforços de conservação. É essencial dar prioridade à conservação e proteção destas espécies para garantir a sua contribuição contínua para o turismo ornitológico e a preservação da biodiversidade. Além disso, as aves residentes são importantes para o turismo ornitológico devido à sua presença constante, às oportunidades de turismo local e doméstico, ao valor educativo, ao envolvimento da comunidade e ao apoio às empresas locais, à defesa da conservação, às contribuições para a investigação e à promoção de um turismo responsável. Incentivar a apreciação e a proteção das aves residentes pode melhorar as experiências de turismo ornitológico e contribuir para o desenvolvimento sustentável dos destinos de observação de aves.

A província setentrional do Sri Lanka é conhecida pelas suas caraterísticas geográficas únicas e pela diversidade dos seus ecossistemas, que a tornam especial para as aves migratórias e Alguns dos factores que contribuem para a importância da província setentrional para as aves migratórias. A Província do Norte abrange uma variedade de habitats, como zonas húmidas, lagoas, rios e zonas costeiras. Estes ecossistemas diversificados fornecem nichos e recursos diferentes que atraem uma vasta gama de espécies de aves, incluindo as migratórias. A Província do Norte está estrategicamente localizada ao longo das principais rotas migratórias das aves que viajam entre os locais de reprodução e de invernada. A região serve de ponto de paragem crucial, permitindo que as aves migratórias descansem, se alimentem e reabasteçam antes de continuarem a sua viagem. As zonas húmidas, incluindo lagoas e pântanos, são particularmente importantes para as aves migratórias. Estas zonas oferecem recursos alimentares abundantes sob a forma de plantas aquáticas, invertebrados e peixes. Também fornecem locais de nidificação e reprodução adequados para certas espécies. A Província do Norte pode ter designado santuários de aves ou áreas protegidas que são geridas para conservar e apoiar a biodiversidade aviária. Estes santuários podem atrair aves migratórias e proporcionar-lhes um ambiente seguro. O clima e as alterações sazonais na Província do Norte podem alinhar-se com os padrões migratórios das aves. A disponibilidade de recursos alimentares e as condições de nidificação adequadas durante determinadas estações podem tornar a região atractiva para as espécies migratórias. A lagoa de Nanthikadal situa-se frequentemente ao longo das principais rotas de migração, o que a torna um local estratégico para as aves descansarem e reabastecerem. Servem como pontos de paragem cruciais durante as migrações de longa distância.

4.3. Importância da vegetação pantanosa para a sobrevivência das aves:

Figura 4 Vegetação pantanosa

O pântano é um tipo de zona húmida, uma área onde a água cobre o solo durante muito tempo. Os pântanos são geralmente desprovidos de árvores e dominados por gramíneas e outras plantas herbáceas. Todos são inundados e dominados por plantas herbáceas. Os pântanos protegem os mares tempestuosos, abrandam a erosão costeira, proporcionam refúgio e locais de nidificação para as aves aquáticas migratórias e reduzem os níveis de oxigénio do oceano para absorver o excesso de nutrientes que prejudicam a vida selvagem (IUCN Sri Lanka, 2004).

A vegetação pantanosa constitui um habitat e um abrigo adequados para várias espécies de aves aquáticas. Oferece proteção contra predadores e condições meteorológicas adversas e constitui um local seguro para nidificar e criar as suas crias. As aves aquáticas constroem frequentemente ninhos no interior da vegetação pantanosa, utilizando o crescimento denso para esconder os ninhos e os ovos. Isto protege as crias de potenciais predadores e perturbações. Esta área suporta uma variedade de insectos, crustáceos, peixes e outros organismos aquáticos que servem de alimento às aves aquáticas. A vegetação também atrai animais mais pequenos, que por sua vez atraem presas maiores, criando uma cadeia alimentar que sustenta a população de aves. As aves aquáticas alimentam-se da vida aquática presente dentro e à volta da vegetação pantanosa. A vegetação proporciona um ambiente propício ao crescimento de algas e outras plantas que formam a base da cadeia alimentar, atraindo uma diversidade de organismos de que as aves aquáticas dependem para o seu sustento e oferece um ambiente adequado para as aves aquáticas se reproduzirem. As plantas proporcionam uma base estável para os ninhos e o habitat circundante fornece os recursos necessários para uma reprodução bem sucedida.

A vegetação pantanosa oferece uma camuflagem natural às aves aquáticas, facilitando-lhes a proteção contra os predadores enquanto procuram alimentos ou incubam os seus ovos. A vegetação densa proporciona uma camada de proteção e segurança para as aves. As aves aquáticas utilizam a vegetação pantanosa como locais de repouso e de repouso durante a migração ou quando precisam de descansar e conservar energia. Além disso, a vegetação oferece uma área segura e elevada para as aves descansarem e recuperarem antes de continuarem a sua viagem. A presença de vegetação pantanosa contribui para a biodiversidade global e a saúde do ecossistema. Devido aos factos acima referidos, a abundância de aves aumenta nas zonas pantanosas, o que é muito importante para o aviturismo. A preservação e manutenção da vegetação pantanosa em torno das lagoas é crucial para a conservação das populações de aves aquáticas e para a saúde e estabilidade globais do ecossistema. Os esforços de conservação devem concentrar-se na manutenção e recuperação destes habitats para garantir o bem-estar contínuo das aves aquáticas e a biodiversidade mais alargada da área de estudo.

4.4. Importância da vegetação florestal para a sobrevivência das aves

Figura 5: Vegetação florestal

O distrito de Mullaitivu é maioritariamente constituído por florestas de zonas secas (Dittus, 1985). As florestas de monção e os matagais de espinhos no extremo norte caracterizam-nas. As florestas mistas secas recebem cerca de 1.500-2.000 mm de precipitação anual durante o período das monções do nordeste, que vai de dezembro a março, e são geralmente secas durante o resto do ano. Têm árvores baixas e vegetação rasteira espinhosa dominada por arbustos espinhosos.

A vegetação florestal, que se refere às árvores e à vegetação tipicamente encontradas nas florestas, também pode ser importante para as aves em redor das lagoas e de outras massas de água por várias razões: As áreas florestais fornecem locais de nidificação e de reprodução para muitas espécies de aves. As aves utilizam as árvores e a vegetação para construir ninhos, pôr ovos e criar as suas crias num ambiente seguro e abrigado. As zonas florestais oferecem proteção contra predadores terrestres devido à complexidade e densidade da vegetação. As aves podem esconder-se e nidificar na folhagem, dificultando o acesso dos predadores aos seus ninhos. As florestas oferecem habitats diversificados, incluindo diferentes espécies de árvores, plantas de sub-bosque e o solo da floresta, que podem suportar uma variedade de espécies de aves com diferentes preferências de habitat. Esta diversidade permite que uma série de espécies de aves coexistam e encontrem habitats adequados. As zonas florestais contêm frequentemente uma grande variedade de insectos, frutos, sementes e néctar, proporcionando um amplo abastecimento alimentar para as aves. Muitas espécies de aves alimentam-se de insectos encontrados nas árvores ou consomem frutos e sementes, contribuindo para a sua nutrição e saúde geral. As florestas ao longo das rotas migratórias podem servir como importantes pontos de repouso e de paragem para as aves migratórias. As aves que percorrem longas distâncias durante a migração podem encontrar refúgio, descanso e alimentação nestas áreas. As árvores e a vegetação das zonas florestais servem de poleiro e abrigo para as aves durante condições climatéricas adversas, incluindo ventos fortes, chuva ou temperaturas extremas. As áreas florestais são conhecidas pelas suas propriedades acústicas, amplificando os chamamentos e cantos das aves. As aves utilizam estes sons para comunicar, acasalar e defender o território, o que torna as florestas essenciais para os comportamentos sociais e reprodutivos de muitas espécies de aves.

As florestas desempenham um papel crucial na manutenção da saúde geral do ecossistema. As aves ajudam a controlar as populações de insectos, dispersam sementes e contribuem para o ciclo de nutrientes, assegurando o equilíbrio e a sustentabilidade do ecossistema florestal. A presença de uma variedade de espécies de árvores e de vegetação associada nas zonas florestais promove a biodiversidade, atraindo uma gama diversificada de espécies de aves. Esta biodiversidade é importante para a resiliência e adaptabilidade das populações de aves em resposta às alterações ambientais. A proteção e preservação da vegetação florestal em torno das lagoas é importante para garantir o bem-estar contínuo das populações de aves, promover a biodiversidade e manter a saúde dos ecossistemas terrestres e aquáticos nas áreas circundantes. Os esforços de conservação devem centrar-se na gestão sustentável das florestas e na preservação dos habitats para beneficiar as aves e o ecossistema em geral. Este, por sua vez, atrai um conjunto diversificado de espécies de aves. A biodiversidade é essencial para a saúde e a resiliência dos ecossistemas. Devido aos factos acima referidos, a diversidade de aves também aumenta na área florestal e proporciona um grande potencial para o aviturismo.

4.5. Importância da vegetação arbustiva para a sobrevivência das aves

Figura 6 Vegetação arbustiva

A vegetação arbustiva é tipicamente moderadamente aberta a fechada, com um espaçamento horizontal irregular entre copas e uma altura variável, mas geralmente inferior a 5 m, e proporciona locais de nidificação para aves migratórias e outras aves.

A vegetação arbustiva, caracterizada por plantas lenhosas e arbustos de baixa altitude, é importante para as aves em redor das lagoas por várias razões ecológicas. Os arbustos proporcionam locais de nidificação e abrigo adequados para muitas espécies de aves. As aves podem construir ninhos entre a folhagem densa, oferecendo proteção contra predadores e condições meteorológicas adversas. A densidade e a estrutura dos arbustos proporcionam às aves um nível de proteção contra os predadores e as perturbações humanas. Os arbustos oferecem camuflagem, permitindo que as aves se misturem no seu ambiente e permaneçam escondidas de potenciais ameaças. A vegetação arbustiva alberga frequentemente uma gama diversificada de insectos, bagas, sementes e pequenos frutos, que são fontes de alimentação essenciais para as aves. Muitas espécies de aves alimentam-se e forrageiam insectos e frutos nos arbustos, o que contribui para as suas necessidades alimentares e marca frequentemente a zona de transição entre águas abertas e zonas mais densamente florestadas. Este habitat de transição constitui um nicho ecológico importante para as aves, uma vez que oferece um equilíbrio entre cobertura, oportunidades de alimentação e locais de nidificação. Os arbustos funcionam frequentemente como poleiros para as aves, permitindo-lhes cantar e vocalizar para atrair parceiros, estabelecer territórios e comunicar com outros membros da sua espécie. Este comportamento é vital para os rituais de cortejo e acasalamento. Além disso, os arbustos podem fornecer diferentes tipos de habitats com base nas mudanças sazonais. Durante a época de reprodução, os arbustos podem oferecer locais adequados para a nidificação, enquanto no inverno podem fornecer abrigo e alimento para as aves que permanecem durante todo o ano ou que migram para a zona e podem ajudar a evitar a erosão ao longo das margens das lagoas. As suas raízes estabilizam o solo, reduzindo a erosão e a sedimentação na água. Este facto contribui para manter a boa qualidade da água na lagoa, beneficiando tanto as aves como o ecossistema aquático. Contribui para a biodiversidade global da zona, apoiando uma variedade de espécies vegetais que, por sua vez, atraem um conjunto diversificado de espécies de aves. A biodiversidade é essencial para a saúde e a resiliência dos ecossistemas. A vegetação arbustiva pode servir de corredores ou ligações entre diferentes habitats, permitindo que as aves se desloquem entre zonas como águas abertas, florestas e prados. Esta conetividade é vital para as aves acederem a vários recursos e se adaptarem a condições ambientais variáveis. A preservação e a gestão da vegetação arbustiva em redor das lagoas são cruciais para a manutenção de populações saudáveis de aves e para o suporte de um conjunto diversificado de espécies no ecossistema. Os esforços de conservação devem centrar-se na proteção destes habitats e na garantia de práticas sustentáveis de gestão das terras para beneficiar tanto as aves como o ambiente circundante e apoiar o aviturismo.

4.6 Abundância relativa de espécies de aves em três tipos de vegetação

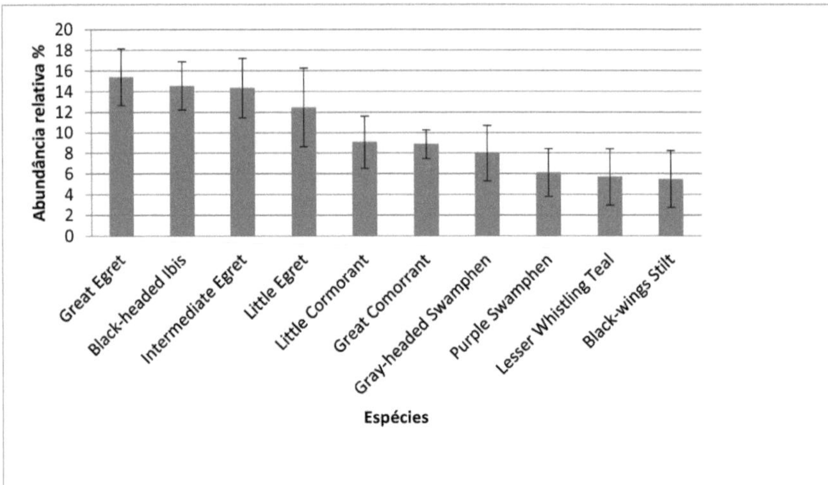

Figura 7 - Abundância relativa das 10 espécies mais comuns na zona pantanosa da lagoa de Nanthikadal (ordenada por abundância).

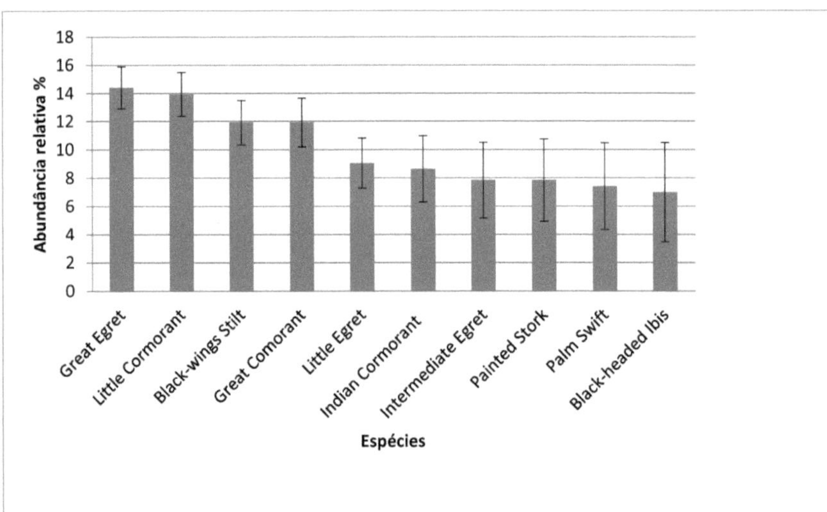

Figura 8 - Abundância relativa das 10 espécies mais comuns na zona florestal da lagoa de Nanthikadal (ordenada por abundância).

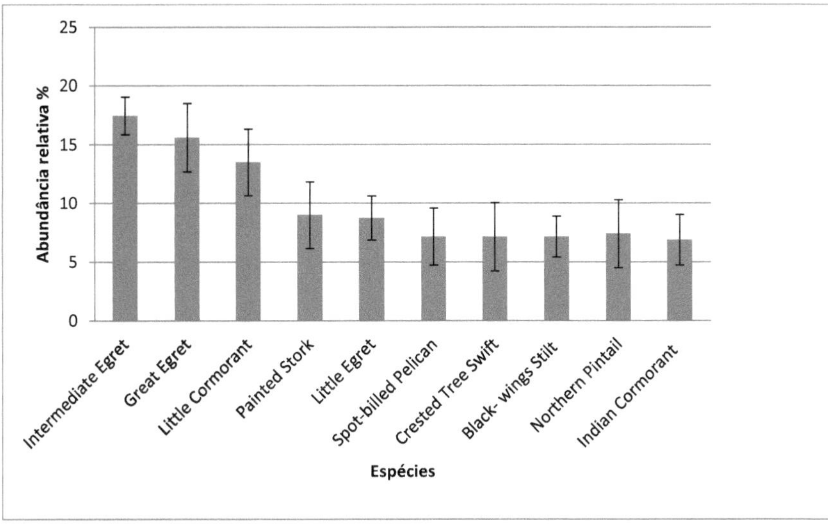

Figura 9 - Abundância relativa das 10 espécies mais comuns na zona arbustiva da lagoa de Nanthikadal (ordenada por abundância).

A abundância é definida como "uma medida do número ou frequência de indivíduos da mesma espécie", ao passo que a diversidade demonstra "o número de espécies presentes (riqueza de espécies) e a sua abundância (uniformidade de espécies) numa área ou numa comunidade" (Booth et al., 2003). A correlação entre a diversidade de espécies e a estabilidade da comunidade sublinha a necessidade de preservar a maior riqueza entre as comunidades biológicas (Rafferty, 2011). A distribuição da abundância de espécies (SAD) caracteriza a distribuição das abundâncias de todas as espécies numa amostra ou comunidade ecológica. A observação de que a maioria das espécies é relativamente rara e que apenas algumas são comuns foi frequentemente descrita como uma das poucas leis ecológicas (McGill et al., 2007). As espécies mais abundantes nas áreas do presente estudo foram o Íbis-de-cabeça-preta, a Garça-branca-pequena, a Garça-branca-grande e o Corvo-marinho-pequeno.

4.7 Valores calculados dos índices de diversidade para três tipos de vegetação

Quadro 1: Resultado calculado dos índices de diversidade

		Tipo de vegetação		
Não	**Índice**	**Zona pantanosa**	**Área florestal**	**Terreno arbustivo**
1	Índice de diversidade de Shannon-Wiener (H')	3.694	3.985	3.919
2	Índice de diversidade de Simpson (D)	0.033	0.022	0.026
3	Simpson (1-D)	0.967	0.978	0.974
4	Recíproco de Simpson (1/D)	30.086	44.945	38.178
5	Shannon Evenness	0.535	0.609	0.571

A Tabela 1 apresenta os valores do índice de diversidade de Shannon-Wiener e outros índices de diversidade calculados para a avifauna na área de estudo. A vegetação florestal apresentou valores elevados de índice de diversidade de Shannon, mas o número de espécies registadas foi de 66, a zona pantanosa apresentou valores baixos de 57 e as zonas arbustivas registaram 69 espécies.

As áreas florestais apresentam valores elevados de diversidade de Simpson (próximos de 1), indicando uma diversidade elevada em comparação com outros tipos de vegetação. O índice de Simpson é menos sensível ao tamanho da amostra (Magurran, 2004; Van Dyke, 2008), e é uma das medidas mais poderosas e robustas de diversidade disponíveis (Magurran, 2004). Além disso, é mais eficaz do que as curvas de acumulação de espécies na classificação das comunidades (Magurran, 2004). De acordo com a uniformidade de Simpson, a vegetação florestal apresentou uma maior riqueza de espécies de aves do que outra vegetação. A razão para este facto é que foram indicadas aves terrestres e aquáticas.

O índice de Shannon-Wiener foi desenvolvido a partir da teoria da informação e baseia-se na incerteza da medição (Barnes et al., 1998). O nível de incerteza na previsão da natureza de amostras aleatórias estava relacionado com a diversidade da comunidade. Quando a diversidade da comunidade é baixa (predomina uma espécie), a incerteza da previsão é baixa. É muito provável que uma espécie selecionada ao acaso seja a espécie dominante. No entanto, quando a diversidade é elevada, a incerteza é alta. A vegetação pantanosa apresentou valores mais baixos de diversidade de Shannon e diversidade mais elevada, resultando numa incerteza mais elevada do que outros tipos de vegetação. Os índices de diversidade sugerem que, entre as áreas selecionadas em torno da lagoa de Nanthikadal, a vegetação pantanosa, os arbustos e a área florestal apresentaram valores de equidade mais elevados. Isto sugere que, nestas zonas, as espécies de aves eram mais ou menos igualmente abundantes ou distribuídas de forma homogénea. De acordo com os resultados acima referidos, a zona pantanosa é a mais adequada para a observação de aves no âmbito do Aviturismo, uma vez que é possível observar um grande número de aves num período mais curto.

O aviturismo depende da diversidade e visibilidade das espécies no destino-alvo, sendo os avistamentos de aves migratórias, aves canoras e aves de rapina muito procurados pelos avituristas (Wijesundara et al., 2015; Weerakoon et al., 2015). O turismo ornitológico pode, por conseguinte, contribuir significativamente para a necessidade crescente de recolha de conhecimentos para apoiar a conservação de espécies não associadas a regulamentos de conservação específicos ou a áreas protegidas formais (Weerakoon & Gunawardena, 2012). Este facto tem implicações para a conservação. O período de estudo foi demasiado curto; esta pode ser a razão pela qual apenas foram registadas 79 espécies. Foi registada uma quantidade considerável de espécies migratórias. Uma caraterística particular que beneficia esta área é o facto de a fronteira entre a lagoa e as montanhas costeiras próximas poder funcionar como um "ecótono". Os ecótonos são transições entre duas ou mais comunidades diferentes, como as zonas húmidas, entre ecossistemas terrestres e marinhos e entre água salgada e água doce. Estas variáveis oferecem grandes oportunidades para manter a diversidade das aves. Estes trunfos incluem as prodigiosas caraterísticas naturais (biodiversidade, etc.) e infra-estruturas turísticas avançadas, gerais (atracções complementares para a vida selvagem, alojamento, opções de transporte, etc.) e específicas para a observação de aves (por exemplo, locais de interesse). Além disso, o distrito de Mullaitivu é constituído por uma estrutura geográfica única, bem como por 4 lagoas, 208 tanques de água doce, uma floresta densa e uma linha costeira de 78 km de comprimento, o que proporciona boas oportunidades para a diversidade de aves. Estes habitats são adequados para as aves e apresentam um bom potencial para o aviturismo.

Além disso, vários estudos analisaram as necessidades específicas de desenvolvimento dos destinos de aviturismo, bem como a disponibilidade e a diversidade das aves, os dados sobre a situação do sector e os elementos qualitativos dos destinos. Foram realizados numerosos estudos sobre o potencial e o crescimento do aviturismo nos Estados Unidos, na Europa, em África, na Austrália, etc. Muitas excursões ao estrangeiro foram feitas principalmente para actividades relacionadas com o aviturismo (Biggs, 2011).

Os factores de promoção do aviturismo devem incluir a consideração das vantagens para o ambiente, a sociedade e a economia. A promoção do aviturismo pode ser concretizada através da criação das seguintes infra-estruturas, nas quais o Sri Lanka deve concentrar-se: atracções complementares da natureza e da vida selvagem; uma seleção existente de alojamento em regiões de observação de aves; infra-estruturas de apoio, incluindo torres de observação, passadiços, passadiços de cobertura e esconderijos; um cenário local de observação de aves bem estabelecido, com guias conhecedores; um grau de flexibilidade de viagem auto-organizada; e a disponibilidade de serviços de transporte. Uma forte presença online com empresas especializadas em viagens e itinerários promovidos; material editorial e publicitário em importantes periódicos de viagens e de observação de aves, bem como em canais digitais e de redes sociais pertinentes; e participação em feiras internacionais de aviturismo, tanto convencionais como de nicho (por exemplo, a British Birdwatching Fair e o Space Coast Birding and Wildlife Festival). Compara as principais vantagens do local em termos de observação de aves com as de pontos de interesse rivais, enfatizando o endemismo e a raridade das aves, por exemplo: Facilidade de observação de muitas aves e promoção da investigação em aviturismo que está a ser feita.

Quadro 2 etapas do aviturismo à escala mundial

O Aviturismo envolve	Descrições
Potencialidades do Aviturismo	O potencial do aviturismo numa região. Factores: Biodiversidade, espécies de aves, ecossistemas.
Avaliação	Avaliação das populações de aves locais. Factores ambientais e esforços de conservação.
Preparação das infra-estruturas:	Disponibilidade de infra-estruturas para os turistas. Acessibilidade, alojamento e transporte
Marketing e promoção:	Estratégias de marketing para promover o aviturismo. Colaborar com os conselhos de turismo, agências e comunidades locais.
Programas educativos:	Implementar programas educativos sobre as espécies de aves locais. Envolver as comunidades locais e as escolas.
Iniciativas de conservação:	Integrar o aviturismo nos esforços de conservação. Desenvolver práticas sustentáveis.
Pacotes turísticos:	Criar pacotes de aviturismo diversificados. Inclui observação guiada de aves, workshops e passeios pela natureza.
Presença online:	Estabelecer uma presença em linha para o aviturismo. Utilizar sítios Web, redes sociais e plataformas para promoção.
Colaboração internacional:	Fomentar a colaboração com organizações internacionais. Partilhar as melhores práticas e conhecimentos.
Regulamentos e autorizações:	Estabelecer e comunicar a regulamentação do aviturismo. Fornecer autorizações para a observação responsável de aves.
Experiência turística:	Concentrar-se em melhorar a experiência turística global. Dar ênfase a uma observação de aves responsável e ética.
Acompanhamento e avaliação:	Implementar um sistema de acompanhamento das actividades de aviturismo. Avaliar o impacto nas populações de aves e nas comunidades locais.
Circuito de retorno:	Estabelecer um ciclo de feedback para uma melhoria contínua. Recolher contributos de turistas, comunidades e peritos.
Adaptação e inovação:	Adaptar continuamente as estratégias com base no feedback. Incentivar a inovação nas práticas de aviturismo.

Colaboração global:	Participar em fóruns mundiais sobre aviturismo. Partilhar histórias de sucesso e desafios.

4.8 O aviturismo como instrumento de conservação

O aviturismo, ou turismo ornitológico, pode funcionar como um valioso instrumento de conservação, promovendo a sensibilização para a conservação, gerando financiamento para os esforços de conservação, incentivando a proteção dos habitats e apoiando as comunidades locais. Eis algumas das formas como o aviturismo contribui para a conservação das aves e dos habitats. O aviturismo gera receitas para as economias locais através de despesas com alojamento, refeições, visitas guiadas, aluguer de equipamento, entre outras. Uma parte destes fundos pode ser direcionada para iniciativas de conservação, promoção de práticas sustentáveis e preservação de habitats. Os passeios de observação de aves têm frequentemente taxas ou licenças associadas, que podem ser destinadas ao financiamento de projectos de conservação e reservas de vida selvagem. O envolvimento das comunidades locais nas actividades de aviturismo ajuda-as a reconhecer o valor económico da preservação dos habitats e da proteção das espécies de aves. As comunidades podem participar ativamente em iniciativas de conservação para atrair mais turistas e sustentar os seus meios de subsistência. O aviturismo pode impulsionar esforços para preservar e restaurar habitats que são essenciais para as espécies de aves residentes e migratórias. A conservação dos habitats garante que estas áreas permaneçam adequadas para as aves e outros animais selvagens, apoiando a biodiversidade global.

Os passeios de observação de aves constituem uma oportunidade educativa para os participantes aprenderem sobre as aves, os seus habitats e os desafios da conservação. Uma maior consciencialização pode levar a um público mais informado e preocupado, defendendo políticas e acções que protejam as aves e os seus ambientes. Os avituristas participam frequentemente em iniciativas de ciência cidadã, recolhendo dados valiosos sobre o avistamento, o comportamento e a distribuição das aves. Estes dados contribuem para a investigação científica e ajudam os investigadores a monitorizar as populações e as tendências das aves, contribuindo para o planeamento da conservação. O aviturismo promove frequentemente práticas de turismo responsável, incluindo o respeito pela vida selvagem, evitando a perturbação do habitat, aderindo a diretrizes éticas de fotografia e apoiando alojamentos amigos do ambiente. Estas práticas contribuem para minimizar os impactes negativos sobre as aves e os seus habitats. O Aviturismo encoraja parcerias entre organizações de conservação, governos e entidades turísticas. Os esforços de colaboração podem alavancar recursos e conhecimentos para atingir os objectivos de conservação de forma mais eficaz. O aviturismo pode alinhar-se com certificações e padrões reconhecidos de ecoturismo, reforçando práticas de turismo sustentável que priorizam a conservação ambiental e o desenvolvimento comunitário. O sucesso do aviturismo pode levar ao estabelecimento de áreas protegidas e reservas, garantindo a preservação a longo prazo de habitats críticos e das espécies de aves que deles dependem.

Vários locais que constituem habitats importantes para as aves aquáticas na província setentrional do Sri Lanka foram recentemente propostos ou declarados como áreas protegidas na atual área de estudo. Entre estes incluem-se dois santuários que obtiveram o estatuto de parque nacional em 2015, o Parque Nacional de Chundikulam e o Parque Nacional de Madu Road, bem como dois parques nacionais recentemente criados, os Parques Nacionais da Ponte Adams e da Ilha Delft (Government of Sri Lanka Gazette n.º 1920/3, 2015). Além disso, o Santuário de Kokilai e a região vizinha da Lagoa de Nayaru deverão ser transformados em parques nacionais (Mallawatantri et al., 2014). Existem também habitats extremamente importantes para as aves aquáticas nesta zona. Estes habitats ao longo da costa norte do Sri Lanka são cruciais para a sobrevivência de espécies de aves que são únicas na zona.

Além disso, o restabelecimento do Santuário de Vavunikulum, bem como da Lagoa de Nanthikadal, foram propostos como santuários (Mallawatantri et al. 2014). Nestes dois locais encontram-se habitats significativos para aves aquáticas residentes e migratórias. Por exemplo, em 2015, o levantamento sistémico na lagoa de Nanthikadal registou vários íbis-lustrosos (*colhereiros da Eurásia*) e mais de 100 colhereiros da Eurásia (*Platalea leucorodia*) num único bando. A construção de hotéis e estradas tem prejudicado estes habitats. É evidente a destruição de áreas, sobretudo nos anos que se seguiram à Segunda Guerra Mundial, o que terá graves repercussões ecológicas, incluindo ameaças aos importantes ecossistemas da zona e à avifauna que lhes está associada.

4.9 Esforços globais de conservação no contexto do aviturismo

Quadro 3 Principais etapas e componentes envolvidas na promoção da conservação

Processos-chave	Descrições
Identificação dos principais habitats de aves	Identificar habitats críticos para as espécies de aves.
	Considerar os hotspots de biodiversidade global.
Investigação científica	Realizar investigação científica sobre as populações de aves.
	Recolher dados sobre os padrões migratórios e os locais de reprodução.
Envolvimento da comunidade	Envolver as comunidades locais nos esforços de conservação.
	Sensibilizar para a importância da conservação das aves.
Colaboração com ONG e agências	Estabelecer parcerias com organizações não governamentais e agências governamentais.
	Reunir recursos para iniciativas globais de conservação.
Criação de zonas protegidas	Designar e estabelecer zonas protegidas para a conservação das aves.
	Implementar regulamentos para minimizar o impacto humano
Desenvolvimento de práticas sustentáveis:	Desenvolver e promover práticas sustentáveis de aviturismo.
	Educar os operadores turísticos e os turistas para um comportamento responsável.
Integração com as economias locais	Assegurar que os esforços de conservação beneficiem as economias locais.
	Explorar iniciativas de turismo ecológico para gerar rendimentos.
Programas educativos	Implementar programas educativos para turistas.
	Salientar a importância da conservação e do turismo responsável.
	Implementar sistemas de monitorização das actividades de aviturismo.

Controlo e execução	Aplicar a regulamentação para evitar danos ecológicos.
Investigação e inovação	Incentivar a investigação contínua de métodos de conservação inovadores.
	Investir em tecnologias que contribuam para os esforços de conservação.
Redes Globais de Conservação	Junte-se a redes e iniciativas globais de conservação.
	Partilhar dados e colaborar em projectos internacionais de conservação.
Defesa de políticas	Defender políticas de apoio à conservação das aves.
	Colaborar com os governos para reforçar a regulamentação ambiental.
Campanhas de sensibilização do público	Lançar campanhas globais de sensibilização do público.
	Utilizar os meios de comunicação social, as plataformas sociais e os eventos para chegar a um público mais vasto.
Circuito de retorno turístico:	Estabelecer um ciclo de reacções dos turistas.
	Utilizar o feedback para melhorar e adaptar as estratégias de conservação.
Gestão adaptativa:	Aplicar estratégias de gestão adaptativa.
	Ajustar os planos de conservação com base nos resultados da monitorização e no feedback.
Avaliação do impacto da conservação	Avaliar o impacto dos esforços de conservação nas populações de aves.
	Avaliar a eficácia das medidas aplicadas.

4.7 Recomendações

A abundância de aves aquáticas na região pode ser atribuída à sua localização no terminal de uma importante rota de voo que se estende pela Ásia Central. Muitas aves aquáticas que migram ao longo desta rota para evitar o inverno setentrional terminam a sua viagem no Sri Lanka, aterrando a maior parte delas na província do Norte. Além disso, a maioria destas aves sobrevive nestas regiões. Grandes bandos de aves costeiras, patos, gaivotas e andorinhas-do-mar habitam as regiões setentrionais, onde se alimentam, descansam e voam entre a vegetação variada. As aves aquáticas preferem abrigos sem obstáculos. As lagoas, os sapais, os estuários, os mangais, os litorais, os ilhéus no mar, os bancos de areia e de lama e as salinas constituem os ecossistemas costeiros preferidos.

As famílias Anatidae, Charadriidae, Scolopacidae, Laridae e Sturnidae constituem a maioria das aves encontradas nestes ambientes. As espécies Threskiornithidae, Ardeidae e Ciconiidae são localmente abundantes nestes locais específicos. A maioria das espécies de aves aquáticas costeiras, que incluem todas as espécies (patos, limícolas, gaivotas, etc.) frequentemente observadas, são migradoras. As numerosas lagoas, os extensos areais e lodaçais que as ladeiam e as baixas elevações da zona litoral em alguns locais constituem as zonas de alimentação ideais para as aves aquáticas da atual zona de investigação, nomeadamente as aves limícolas e os patos. Nestes locais encontram-se numerosas espécies de presas de aves aquáticas, tais como peixes, moluscos, vários invertebrados e plâncton. Nestas lagoas, o fitoplâncton constitui uma parte significativa da produção primária. A base da cadeia alimentar é assim assegurada. As grandes populações de espécies de aves aquáticas, nomeadamente as espécies de sapal, são sustentadas por densidades elevadas de espécies de presas. Algumas das espécies de aves mais ameaçadas e endémicas de que há registo podem também ser encontradas nos três tipos de habitat investigados no presente estudo. Para aqueles que são observadores apaixonados de aves, realizam estudos sobre elas ou se preocupam com a sua conservação, os registos de espécies de aves endémicas e ameaçadas são altamente significativos.

De acordo com a análise estatística, a vegetação florestal apresenta a maior diversidade de aves. A elevada diversidade de espécies de aves numa determinada região pode ter um impacto significativo no aviturismo, que é a indústria do turismo centrada na observação de aves. Eis várias maneiras pelas quais uma elevada diversidade de aves é importante para o aviturismo: Os observadores de aves e os ornitólogos são frequentemente atraídos para zonas com uma grande variedade de espécies de aves. A perspetiva de observar numerosas espécies diferentes num único local pode constituir um poderoso incentivo para a visita de turistas. As regiões com uma grande diversidade de aves podem também ter espécies raras e endémicas, o que pode ser um atrativo especial para os observadores de aves mais sérios. A observação destas aves únicas e difíceis de encontrar pode ser um dos principais pontos altos das viagens de aviturismo. A presença do aviturismo pode criar um incentivo financeiro para a conservação dos habitats e das espécies de aves. As comunidades locais e os governos podem reconhecer o valor económico da sua avifauna e trabalhar para a proteger, levando à preservação destes ecossistemas e da sua biodiversidade. O aviturismo é um subconjunto do ecoturismo, que promove viagens sustentáveis e responsáveis. A elevada diversidade de aves numa área é um trunfo valioso para o ecoturismo, atraindo visitantes interessados em conhecer a natureza sem causar danos ao ambiente. As áreas com elevada diversidade de aves são frequentemente de interesse para os investigadores que estudam a ornitologia, a ecologia e a biodiversidade. O aviturismo pode ajudar a apoiar estudos científicos, fornecendo financiamento e gerando dados através de observações feitas por observadores de aves. No entanto, é importante notar que o aviturismo deve ser gerido e conduzido de forma responsável para minimizar os seus potenciais impactos negativos nas populações de aves e nos seus habitats. As práticas sustentáveis e a observação ética de aves são cruciais para garantir que os benefícios do aviturismo se concretizam sem prejudicar as espécies e os ecossistemas que atraem os turistas.

A vegetação pantanosa apresenta a menor diversidade de aves. A baixa diversidade de aves, ou as zonas com menos espécies de aves, podem ainda ser importantes para o aviturismo em determinados contextos. Embora as regiões com elevada diversidade de aves possam ser o foco principal dos entusiastas da observação de aves, as zonas com menor diversidade de aves podem também oferecer oportunidades e benefícios únicos para o aviturismo: Em áreas com baixa diversidade de aves, pode haver uma maior concentração de espécies de aves especializadas ou endémicas que não se encontram noutros locais. Estas espécies raras e localizadas podem ser de particular interesse para observadores de aves sérios que procuram adicionar aves específicas e difíceis de encontrar às suas listas de vida. As áreas com baixa diversidade de aves podem ainda ter espécies de interesse para a conservação ou para os investigadores. Os avituristas interessados em contribuir para os esforços de conservação ou em participar em estudos científicos podem visitar estas regiões para apoiar iniciativas locais ou para estudar populações específicas de aves em maior profundidade. Mesmo em áreas com baixa diversidade de aves, pode haver habitats únicos e intocados que valem a pena ser explorados. Os observadores de aves interessados em ecossistemas como zonas húmidas, prados ou tipos específicos de florestas podem visitar estas áreas para uma experiência de aviturismo diferente. Os destinos populares de aviturismo com elevada diversidade de aves podem ficar cheios de observadores de aves, o que pode levar a uma experiência menos pacífica ou solitária. As zonas com menor diversidade de aves podem proporcionar um ambiente mais tranquilo e menos concorrido para a observação de aves. Educação e apreciação: A exploração de zonas com menor diversidade de aves pode também promover o apreço pela resiliência e adaptabilidade das espécies de aves locais que conseguiram sobreviver em ambientes com menor diversidade biológica. Esta pode ser uma lição valiosa de conservação e ecologia. É de notar que o aviturismo em áreas com baixa diversidade de aves pode exigir uma abordagem diferente em termos de marketing, infra-estruturas e planeamento de excursões. Os operadores turísticos e as comunidades locais podem concentrar-se em realçar as espécies de aves e os habitats únicos e raros destas regiões para atrair observadores de aves interessados num tipo diferente de experiência de aviturismo. Além disso, devem ser sempre mantidas práticas responsáveis e sustentáveis para minimizar o impacto ambiental do aviturismo, independentemente dos níveis de diversidade das aves.

A vegetação arbustiva apresenta uma diversidade de aves moderada em relação às outras duas vegetações do estudo. A diversidade moderada de aves também pode ser importante para o aviturismo, uma vez que oferece um equilíbrio entre os desafios e as oportunidades apresentados pelas zonas de elevada e baixa diversidade de aves. Eis algumas razões pelas quais a diversidade moderada de aves é importante para o aviturismo: Variedade de espécies: A diversidade moderada de aves oferece normalmente uma variedade de espécies de aves, tornando-a apelativa para um vasto leque de observadores de aves. Os observadores de aves podem ter a oportunidade de ver uma mistura de espécies comuns e de espécies mais singulares, o que pode ser excitante e gratificante. Em zonas com uma diversidade moderada de aves, verifica-se uma presença relativamente estável de espécies de aves durante todo o ano. Esta consistência pode atrair avituristas que procuram oportunidades fiáveis de observação e estudo das aves. As regiões com diversidade moderada de aves são frequentemente mais acessíveis e menos remotas do que as zonas com elevada diversidade de aves. Isto pode facilitar o planeamento de viagens por parte dos avituristas, especialmente se não forem observadores de aves experientes. As zonas com diversidade de aves moderada podem ser menos susceptíveis de sobrelotação e sobre-exploração do que as regiões com diversidade elevada. Este facto pode contribuir para atenuar o impacto ambiental do aviturismo nos ecossistemas locais. Estas zonas podem também apoiar os esforços de conservação em curso para proteger as espécies de aves comuns e ameaçadas. As receitas geradas pelo aviturismo podem ser reinvestidas em iniciativas locais de conservação. Em resumo, uma diversidade moderada de aves pode proporcionar uma experiência de aviturismo completa, com uma mistura de espécies, acessibilidade, infra-estruturas e potencial de conservação. Estas regiões podem ser particularmente atractivas para observadores de aves novatos e experientes que procuram um equilíbrio entre os desafios de uma diversidade elevada e a singularidade de uma área com baixa diversidade de aves

Vegetação pantanosa	Diminuir a diversidade → Reduzir a incerteza	Baixa diversidade de aves; pode haver uma maior concentração de espécies de aves especializadas ou endémicas que não se encontram noutros locais. Uma menor diversidade de aves pode também promover o apreço pela resiliência e adaptabilidade das espécies de aves locais que conseguiram sobreviver em ambientes com menor diversidade biológica e pode centrar-se em destacar as espécies de aves únicas e raras.
Vegetação florestal	Maior diversidade → Maior incerteza	Uma elevada diversidade de aves é frequentemente do interesse dos investigadores que estudam a ornitologia, a ecologia e a biodiversidade. As regiões com uma elevada diversidade de aves podem também ter espécies raras e endémicas, o que pode ser um atrativo especial para os observadores de aves.
Vegetação arbustiva	Diversidade moderada → Incerteza moderada	A diversidade moderada de aves também pode ser importante para o aviturismo, uma vez que oferece um equilíbrio entre os desafios e as oportunidades apresentados pelas zonas de elevada e baixa diversidade de aves. A diversidade moderada de aves oferece normalmente uma variedade de espécies de aves, tornando-a apelativa para um vasto leque de observadores de aves.

Com base no que precede, os três tipos de vegetação em torno da lagoa de Nanthikadal contribuem para o aviturismo, conforme indicado pelas diferentes necessidades dos avituristas.

CAPÍTULO 5

CONCLUSÃO

Em conclusão, a área de estudo apresenta grandes pontos fortes em termos de diversidade aviária, com a presença de espécies de aves raras e migratórias. Mais especificamente, os pontos fortes do distrito de Mullaitivu incluem um núcleo atrativo para a observação de aves em comparação com locais de observação de aves concorrentes, como a lagoa de Nanthikadal e outras três lagoas, como Kokilai, Nayaru e Masaran. As massas de água doce, as zonas húmidas, a floresta densa e a linha costeira de 70 km de comprimento proporcionam uma grande diversidade de aves. Existe a possibilidade de observar um grande número de aves num curto espaço de tempo. Na zona de estudo existem locais potencialmente atractivos para a observação de aves. A maior parte deles ainda não tem um grande volume de turistas, criando assim uma oportunidade para os entusiastas da observação de aves que não gostam de zonas com muita gente. Várias ofertas turísticas complementares podem ser atractivas para os observadores de aves. Por conseguinte, pode concluir-se que o distrito de Mullaitivu seria um destino ideal para o aviturismo, devido à sua grande diversidade de aves, e tem potencial para se tornar um dos destinos internacionais de aviturismo mais competitivos do mundo

REFERÊNCIAS

Badan, B.S., & Bhatt, H., (2005). Ecotourism. Oxford, Reino Unido: Oxford University Press.

Barnes, K. N., (1998). Important Bird Areas of Southern Africa. Joanesburgo, África do Sul: BirdLife South Africa.

Bibby, C.J., Burgess, N.D., Hill, D.A. & Mustoe, S.H., (2000). Bird Census Techniques. Londres, Reino Unido. Academic Press.

Bibi, F., & Ali, Z., (2013). Medição de índices de diversidade de comunidades aviárias no Santuário de Vida Selvagem de Taunsa Barrage, Paquistão. The Journal of Animal and Plant Sciences, 23(2), 469-474.

Biggs D., Turpie J., Fabricius C., & Spenceley A., (2011). O valor do aviturismo para a conservação e criação de emprego - Uma análise da África do Sul. Conservation and Society. 9,80-90.

BirdLife International, (2022). Threatened Birds of Asia: the BirdLife International Red Data Book Cambridge,UK. BirdLife International.

BirdLife International, (2015). Zonas importantes para as aves e a biodiversidade, disponível em

http://www.birdlife.org/worldwide/programmes/important-bird-and-biodiversity-areas-ibis (Acedido em junho de 2015).

Boo, E., (1990), Ecotourism: The Potentials and Pitfalls, Vols. 1 e 2, Washington D.C.: WWF.

Booth, B. D., Murphy, S. D., & Swanton, C. J., (2003). Weed Ecology in Natural and Agricultural Systems. Wallingford, CT: CABI Publishing. -

Bramwell, B. e Lane, B., (1993), 'Sustainable Tourism: An Evolving Global Approach", Journal of Sustainable Tourism, 1(1): 1-5.

Brandon, K., (1996). Ecotourism & Conservation: A Review of Key Issues, Environmental Department Papers, Paper No. 033, Washington, D.C, USA: The World Bank.

Brooker, L., (2002). A aplicação do conhecimento das espécies focais ao projeto paisagístico em terrenos agrícolas utilizando a vizinhança ecológica como modelo. Paisagem e Planeamento Urbano . 60 (4), 185-210.

Buckley, R.C., Castley J.G., Pegas, F., Mossaz, A.C. & Steven R., (2012). Uma abordagem de contabilidade populacional para avaliar as contribuições do turismo para a conservação das espécies de mamíferos da lista vermelha da IUCN. PLoS ONE 7, e44134.

Buckley, R., (2012). Sustainable tourism: Research and reality. Ann. Tour. Res., 39, 528-546.

Disponível de : (https://www.sciencedirect.com/science/article/pii/S0160738312000230) (Acedido em 10 de julho de 2022).

Buckley, R.C., (2004). Environmental Impacts of Ecotourism (Impactos Ambientais do Ecoturismo). Cambridge: CAB International. Reino Unido: CABI Pub,

Disponível em: http://www.loc.gov/catdir/toc/ecip0410/2003023660. (Acedido em 15 de agosto de 2022).

Canterbury, G. E., Martin, T.E., Petit, D. R., Petit, L. J. & D. F. Bradford, (2000). Bird Communities and Habitat as Ecological Indicators of Forest Condition in Regional Centre Industry Forum, 14 de outubro, Perth, Western Australia.

Ceballos-Lascuráin, H., (1996). Turismo, Ecoturismo e Áreas Protegidas. Gland, Suíça: Unidade de Serviços de Publicações da UICN.

Clements, J. F., Schulenberg, T. S., Iliff, M. J., Roberson, D., Fredericks, T. A., Sullivan, B. L. e Wood, C. L., (2016). A lista de verificação eBird/Clements de aves do mundo: v2016.

Disponível em: http://www.birds.cornell.edu/ clements checklist/download/. (Acedido em 29 de julho)

Connell, J., (2009). Birdwatching, Twitching and Tourism: Towards an Australian Perspective. Australian Geographer, 40, 203-217.

Disponível em: http//dx.doi.org/10.1080/00049180902964942 (Acedido em 10 de agosto de 2022).

Cordell, K., & Herbert, N., (2002). A popularidade da observação de aves continua a crescer.

Disponível em: file:///C:/Users/admin/Downloads/jacordell .pdf. (Acedido em 10 de junho de 2022).

Davies, Cynthia, E., Dorian Moss, e Mark, O., Hill, (2004) "EUNIS habitat classification revised". Relatório para: Agência Europeia do Ambiente - Centro Temático Europeu para a Proteção da Natureza e a Biodiversidade: 127-143 Dorset DT2 8ZD, Reino Unido.

Departamento de Conservação da Vida Selvagem do Sri Lanka, (2017). Nature Reserves (Reservas naturais). Disponível em :http://www.dwc.gov.lk/index.php/en/ nature-reserves (Acedido em 19 de junho).

Dittus, W. P., (1985). The influence of cyclones on the dry evergreen forest of Sri Lanka. Ecology 54: 427-432. Disponível em: http://hdl.handle.net/10088/2340. (Acedido em 22 de julho).

Eubanks, T., Kerlinger, P. & Payne, R.H., (1993). High Island, Texas. Case Study in Avitourism. Birding 25 (6), 415-420.

Fennell, D. A. & Malloy D. C., (1999). "Measuring the ethical nature of tourism Forest". Annals of Tourism Research 26(4): 928-943.

Disponível em :http://hdl.handle.net/10822/927706(Acedido em julho de 2022).

Fennell, D. A., Buckley, R., & Weaver, D., (2001). Política e planeamento do ecoturismo. Encyclopedia of Ecotourism (pp. 73-81). CABI Publishing.

FOGSL., (2003). Relatório do Projeto IBA Sri Lanka. Grupo de Ornitologia de Campo do Sri Lanka, Universidade de Colombo, Colombo.

Goodwin, H., (1996). In pursuit of ecotourism, Biodiversity and Conservation, Vol 5(3), 277-291. Disponível em :https://doi.org/10.1007/BF00051774. (Acedido em 25 de julho de 2022).

Gregory, R. D., Noble, D., Field, R., Marchant, J., Raven, M. & Gibbons, D. W., (2003). Using birds as indicators of biodiversity. - Ornis Hungarica, 12-13: 11-24

Gregory, R.D., Gibbons, D.W. & Donald, P.F., (2004). Censo de aves e técnicas de levantamento. Em Sutherland, W.J., Newton, I. & Green, R.E. (Eds.), Bird

Ecology and Conservation: a Handbook of Techniques (pp. 17-55). Cambridge: Cambridge University Press.

Gregory, R.D., (2006). As aves como indicadores de biodiversidade para a Europa. Significance 3, 106-110. Disponível em :https://doi.org/10.1111/j.1740-9713.2006.00178, (Acedido em 25 de julho de 2022)

Grimmett, R. & Inskipp, T., (2007). Edn.2. Birds of the Indian Subcontinent. Christopher Helm (Publishers) Ltd., Londres.

Groom, M., Podolsky, R.D. & Munn, C.A., (1991). Tourism as a sustained use of wildlife: a case study of Madre de Dios, Southeastern Peru. In: Neotropical Wildlife Use and Conservation, eds. J.G. Robinson & K.H. Redford, pp. 393-412. Chicago, EUA: The University of Chicago Press.

Hattori, A. & Mae, S., (2001). Utilização do habitat e diversidade de aves aquáticas numa lagoa costeira do Lago Biwa, Japão. Ecological Research Vol. 16: 543 - 553.

Hill, M. O., (1973). Diversity & evenness: a unifying notation and its consequences Ecology, Vol. 54, pp. 427-432. , publicado pela Ecological Society of America. Disponível em:.http://links.jstor.org/sici?sici=0012.

Hill, D., Hockin, D., Price, D., Tucker, G., Morris, R. & Treweek, J., (1997). Bird disturbance: improving the quality and utility of disturbance research. Journal of Applied Ecology 34: 275-288.

Honey, M., (1999). Ecoturismo e desenvolvimento sustentável: Who Owns Paradise? Island Press, Washington, D.C.

Disponível em: http://www.camacdonald.com/birding/asiaindia.htm (Acedido em 9 de julho de 2022).

Hughes, R., (2005). Grupos de Conservação Local e Cuidadores da IBA. Learning from Early Experience and Future Diretions. Revisão da experiência global dos grupos de conservação local das IBAs. Grupos

Disponível'em:http://www.birdlife.org/ibas/6_buildingsupport/6.2_IBA_LCGS.pdf (Acedido em junho de 2022).

Hvenegaard GT., (2012). Observação de aves na última oportunidade: contorcer-se para a ver primeiro ou por último? Pp.71-88 inLemelin RH,

Dawson J & Steward EJ. (Eds.). Last Chance Tourism: Adapting Tourism Opportunities in a Changing World. Routledge: Londres, Reino Unido.

Hvenegaard, G.T., Butler, J.R. & Krystofiak, D.K., (1989). Economic values of bird watching at Point Pelee National Park, Canada. Wildlife Society Bulletin 17 (4), 526-531.

Relatório do Projeto IBA Sri Lanka. Grupo de Ornitologia de Campo do Sri Lanka, Universidade de Monitorização. Biologia da Conservação 14:544-558.

IUCN Sri Lanka, (2004). Conservação das zonas húmidas no Sri Lanka. Actas do Simpósio Nacional sobre Conservação e Gestão de Zonas Húmidas, Colombo, 19-20.

IUCN (2012), Lista Vermelha da Fauna e da Flora Ameaçadas do Sri Lanka de 2012. The National Red List 2012 of Sri Lanka; Conservation Status of the Fauna and Flora. Weerakoon, D.K. & S. Wijesundara Eds., Ministério do Ambiente, Colombo, Sri Lanka.

Jackson, L. J., A. S. Trebitz, & K. L. Cottingham, (2000). Uma introdução à prática da modelação ecológica. BioScience 50.8: 694-706,

Disponível'em:https://doi.org/10.1641/00063568(2000)050[0694:AITTPO]2.0.CO;2. (Acedido em 9 de julho de 2022).

Kaluthota, C. D. & Kotagama, S. W., (2009). Revised Avifaunal List of Sri Lanka. Grupo de Ornitologia de Campo do Sri Lanka, Colombo. Bird Diversity of Dekinda Forest Reserve, Sri Lanka 143.

Kandasamy, G, Wijesundara, C, & Sivaruban, A., (2016). Comparação da diversidade avifaunal em diferentes habitats na Península de Jaffna. Páginas 362 em Procedimentos de Pesquisa da Universidade de Peradeniya, 2016: 362.

Kandasamy, G., Weerakoon, D. K., & Sivaruban, A., (2017b). Spatial variation of waterbirds in Pallai and Thadduvankoddy in the Northern Province of Sri Lanka, Terceira Conferência Internacional sobre Ciência, Engenharia e Ambiente, SEE-USQ, 2017, Brisbane, Austrália: 124-129.

Kandasamy, G., Weerakoon, D. K., Sivaruban, A., & Jayasiri, H. B., (2017a). Spatial variation of waterbirds in eight selected sites in the Northern Province of Sri Lanka, Australasian Ornithology Conference: 47.

Kandasamy, G., Weerakoon, D. K., & Sivaruban, A., (2017d). Variação espacial de aves aquáticas em Kappuchu & Nagarkovil na Península de Jaffna. Quarenta anos de investigação sobre aves - Grupo de Ornitologia de Campo do Sri Lanka, simpósio FOGSL, Faculdade de Ciências, Universidade de Colombo.

Kandasamy, G., Weerakoon, D. K., Sivaruban, A., & Jayasiri, H. B., (2017c). Variação espacial de aves aquáticas em Mandaitivu & Kavutharimunai na Província do Norte, Sri Lanka. Página online na Conferência de Estudantes de Ciências da Conservação (SCCS).

Kandasamy, G., Weerakoon, D. K., Sivaruban, A., & Jayasiri, H. B., (2018). Diversidade de aves aquáticas em Kavutharimunai na província do norte do Sri Lanka, Agência Nacional de Recursos Aquáticos e Desenvolvimento (NARA) Sessões Científicas Internacionais: 42.

Kerlinger, P., (1993). Birding economics & birder demographics studies as conservation tools. Pp. 32-38 in Finch DM. e Stangel PW. (Eds.). Status and management of geotropically migratory birds. USDA Forest Serv. Relatório geral técnico RM-229. Relatório RM-229.

Kerlinger, P. & Brett, J., (1995) Hawk Mountain Sanctuary: a case study of birder visitation and birding economics. In: Wildlife and Recreationists: Coexistence Through Management and Research, ed. R.L. Knight & K. J. (1995) R.L. Knight & K.J. Gutzwiller, pp. 271-280. Washington, DC, EUA: Island Press.

Kim, A. K., Keuning, J., Rovertson, J. & Kleindorfer, S., (2010). Understanding the birdwatching tourism market in Queensland, Australia (Compreender o mercado do turismo de observação de aves em Queensland, Austrália). Anatolia: An International Journal of Tourism & Hospitality Research 21:227 -247.

Komdeur, J., (1992). Importância da saturação do habitat e da qualidade do território para a evolução da reprodução cooperativa na toutinegra das Seychelles. Nature 358,493-495. Disponível em :https://doi.org/10.1038/358493a0 (Acedido em 10 de junho de 2022).

Kotagama, S., Ratnavira, G., (2010). An illustrated guide to the birds of Sri Lanka (Guia ilustrado das aves do Sri Lanka). Colombo, Grupo de Ornitologia de Campo do Sri Lanka.

Krebs, C.J., (1989). Ecological methodology. Harper Collins. Nova Iorque, Nova Iorque, EUA.

Lawton, L.J., (2009). Festivais de aves, sustentabilidade e ecoturismo: An ambiguous relationship. Journal of Travel Research 48 (2), 259-267.

Lee, J.H. & Scott, D., (2004). Medindo a especialização em observação de aves: A confirmatory fator analysis. Leisure Sciences 26, 245-260.

Disponível em: https://www.frontiersin.org/articles/10.3389/fbirs.2022.1066003. (Acedido em 10 de junho de 2022).

Shewry, M., Shaw, P., (2005). Handbook of Biodiversity Methods: Survey, Evaluation and Monitoring. Cambridge University Press.

Disponível em :https://doi.org/10.1017/CBO9780511542084. (Acedido em 10 de junho de 2022).

Schulze, C. H., Waltert, M., Kessler, P. J. A., Pitopang, R., Veddeler, D., Muhlenberg, M., Gradstein, S. R., Leuschner, Steffan-Dewenter, C. I e Tscharntke, T., (2004). Grupos de indicadores de biodiversidade de sistemas tropicais de uso da terra: comparação de plantas, aves e insectos. Aplicações Ecológicas14:1321-1333.

Magurran, A. E., (2004). Measuring Biological Diversity. Blackwell Publishing, Oxford.

Mallawatantri, Marambe, A. B. & Skehan, C., (2014). Avaliação Ambiental Estratégica Integrada da Província do Norte do Sri Lanka. Autoridade Ambiental Central e Centro de Gestão de Catástrofes, Colombo, Sri Lanka.

Mathews, N., (2000). Travel and tourism intelligence. pp. 79-105.

McGill, B.J., Etienne, R.S., Gray, J.S., Alonso, D., Anderson M.J. & Benecha, H.K. et al., (2007). Distribuições de abundância de espécies: indo além das teorias de previsão única para a integração num quadro ecológico. Ecology Letters, 10, 995- 1015.

Morrison, C., Simpkins, C., Castley, J. G. & Buckley, R. C., (2012). Tourism & the conservation of critically endangered frogs (Turismo e conservação de rãs criticamente ameaçadas). PLoS ONE 7: e43757.

Moss, S., (2004). A bird in the bush: A social history of birdwatching. Londres: Aurum Press.

Munn, C.A. (1992) Macaw biology and ecotourism, or 'When a bird in the bush is worth two in the hand'. In: New World Parrots in Crisis: Solutions from Conservation Biology, eds. S.R. Beissinger & N.F.R. Snyder, pp. 47-72. Washington, DC, EUA: Smithsonian Institution Press.

Naveendrakumar, G., Vithanage, M., Kwon, H.H., Iqbal, M.C.M., Pathmarajah, S. & Obeysekera, J., (2018). Cinco tendências decadais em médias e extremos de precipitação e temperatura no Sri Lanka. Avanços em Meteorologia, Disponível em: https://doi.org/10. 1155/2018/4217917 (Acedido em 20 de julho de 2022).

Diretório Nacional de Zonas Húmidas do Sri Lanka, (2006). IUCN Sri Lanka e a Autoridade Ambiental Central. Colombo.

Newsome, D., Dowling, R.K. & Dowling, S.A., (2005). Wildlife Tourism. Clevedon: Channel View Publications; Clevedon, Reino Unido.

Niemi, G. J. & McDonald, M.E., (2004). Application of Ecological Indicators (Aplicação de Indicadores Ecológicos). Revisão Anual de Ecologia, Evolução e Sistemática 35:89-111.

O'Connell, T. J., Jackson, L. E. & Brooks, R. P., (2000). Guildas de aves como indicadores do estado ecológico nos Apalaches Centrais. Ecological Applications 10:1706-1721.

Page, S.J. & Dowling, R.K., (2002) Ecotourism. Essex, Reino Unido: Pearson Education Limited.

Puhakka, L., Salo, M. & Sääksjärvi, I.E., (2011). Diversidade de aves, turismo de observação de aves e conservação no Peru: A geographic analysis. PLOS ONE 6, e26786. Queensland. In Western Australian Section, Sustainable Tourism Cooperative Research Centre Industry Forum, 14 de outubro, Perth, Western Australia.

Rafferty, J. P., (2011). Conservation and Ecology (Conservação e Ecologia). Nova Iorque, NY: Britannica Educational Publishing.

Rajkumar P. & Wijesundara C., (2014). Observações preliminares sobre aves migratórias na ilha de Mandaitivu, Jaffna, Sri Lanka. Páginas 30-30 em Actas da Universidade de Peradeniya. Sessões Internacionais de Investigação, Sri Lanka, Vol. 18.

Rajkumar, P., & C. S. Wijesundara, (2015b). desenvolvimento do ecoturismo baseado em aves em Jaffna: A case study on mangrove habitats on the islands of Mandaitivu and Sirudivu. Páginas 311-311 em Peradeniya University International Research Sessions. Universidade de Peradeniya, Peradeniya.

Rajkumar, P., & C. S. Wijesundara, (2017). Diversidade e abundância de aves migratórias nos manguezais de Sarasalai e Anthanathidal no distrito de Jaffna,

Sri Lanka. Página 8-8 no Congresso de Investigação PGIS 2017. Universidade de Peradeniya, Sri Lanka, Instituto de Pós-Graduação em Ciências, Universidade de Peradeniya, Sri Lanka.

Rajkumar, P., & C. Wijesundara, (2015a). Avifaunal diversity of Thondamanaru Lagoon and adjacent areas, Jaffna, Sri Lanka as an indicator of water quality. Páginas 24-24 no Quarto Simpósio Internacional sobre Qualidade da Água e Saúde Humana. Instituto de Pós-Graduação em Ciências, Universidade de Peradeniya, Peradeniya.

Ripley, S. D., (1982). A synopsis of the birds of India and Pakistan: together with those of Nepal, Bhutan, Bangladesh, and Sri Lanka. Sociedade de História Natural de Bombaim, Bombaim.

Shewry, M., Shaw, P., (2005). Handbook of Biodiversity Methods: Survey, Evaluation and Monitoring. Cambridge University Press.

Disponível em: https://doi.org/10.1017/CBO9780511542084. (Acedido em 13 de junho de 2022).

Şekercioğlu, C.,(2002)de,Birding Economics Conservation through Commodification.

Disponível em :https://www.researchgate.net/publication/233735771. (Acedido em 20 de junho de 2022).

Shannon, C., E., & W., Weaver., (1949). The Mathematical Theory of Communication. The university of illinois press . urbana.

Simpson, E. H., (1949). Measurement of diversity (Medição da diversidade). Nature, 163: 688.

Disponível em :http://dx.doi.org/10.1038/163688a0. (Acedido em 28 de junho de 2022). .

Sirivardana, U., & Hettige, U., (2010). Um milhão de aves limícolas em Vidaththaltivu. 52-53. Ceylon Bird Club Notes: Sri Lanka.

Steven, R., Castley, J.G. & Buckley, R., (2013). Receitas do turismo como uma ferramenta de conservação para aves ameaçadas em áreas protegidas. PLoS ONE 8(5): e62598. Disponível em: https://doi.org/10.1371/journal.pone.0062598. (Acedido em 30 de junho de 2022).

Steven, R., Morrison, C., Castley, J. G., (2014). Observação de aves e aviturismo: A global review of research into its participant markets, distribution & impacts, highlighting future research priorities to inform sustainable avitourism management. Journal of sustainable tourism: 1-39.

Tapper, R., (2006). "Wildlife watching & tourism: a study on the benefits and risks of a fast-growing tourism activity and its impacts on species". Produzido por UNEP/CMS Convention on Migratory Species & TUI.

Van Dyke, F., (2008). A Conservação do Habitat e da Paisagem. Em F. Van Dyke (Ed.), Conservation Biology. Foundations, Concepts, Applications (pp. 279-311, 2ª ed.). Berlim/Heidelberg: Springer Science and Business Media.

Disponível em: https://doi.org/10.1007/978-1-4020-6891-1_10 (Acedido em julho de 2022)

Weaver, D., (2001a). Ecotourism. John Wiley and Sons. Publicação CABI.

Weaver, D., (2001b). Encyclopedia of Ecotourism. Publicação CABI. Oxon, Reino Unido.

Weerakoon, D, K. & Gunawardena, K., (2012). A taxonomia e o estado de conservação das aves no Sri Lanka. In The National Red List 2012 of Sri Lanka; Conservation Status of the Fauna and Flora. Ministério do Ambiente, Colombo. Pp. 114-133.

Wetlands International, (2010). Guia sobre a metodologia de monitorização de aves aquáticas: Protocolo de Campo para a Contagem de Aves Aquáticas. Wetlands International, Wagenigen, Países Baixos.

Wiedner, D. & Kerlinger, P., (1990). Economics of birding: a national survey of active birders. Conselho Internacional para a Preservação das Aves. American Birds, 44: 209-213.

Wight, P., (1993). "Sustainable Ecotourism: Balancing Economics, Environmental and Social Goals within an Ethical Framework", Journal of Tourism Studies 4 (2), 54-66.

Kandasamy et al., (2017). Diversidade e abundância de comunidades de aves aquáticas Vignanam Journal of Science, Vol.14 (1), Jan 2019 21.

Wijesundara, C. S, Chathuranga, D, Hettiarachchi, T, Perera, N, Rajkumar, P, Wanniarachchi, S, & Weerakoon, G., (2015). Diversidade avifaunal em Vallai e

Thondam Jaffna: Potential for Ecotourism. Página 302-302 em Proceedings of the Peradeniya University International Research Sessions, vol. 19.

Wijesundara, C. S., D. Warakagoda, U. Sirivardana, D. Chathuranga, T. Hettiarachchi, N. Perera, P. Rajkumar, S. Wanniarachchi, & G. Weerakoon, (2015). Biogeografia de aves aquáticas na região avifaunal do norte, Sri Lanka. Fundação Nacional da Ciência, Colombo: 20.

Wijesundara, C., & P. Rajkumar, (2016). Abundância e estatuto das aves aquáticas migratórias Wiley Online Library PubMed Web Google Scholar.

Wijesundara, C, S., Warakagoda, D., Sirivardana, U., Chathuranga, D., Hettiarachchi, T., Perera, N., Rajkumar, P., Wanniarachchi, S., & Weerakoon, G., (2017). Diversidade e conservação de aves aquáticas na Região Avifaunal do Norte do Sri Lanka. Ceylon Journal of Science 46 (Edição Especial): 143-155.

Wijesundara, C. S., D. Warakagoda, U. Sirivardana, D. Chathuranga, T. Hettiarachchi, N. Perera, P. Rajkumar, S. Wanniarachchi, & G. Weerakoon, (2015). Biogeografia de aves aquáticas na região avifaunal do norte, Sri Lanka. Fundação Nacional da Ciência, Colombo: 20.

Wijesundara, C., & P. Rajkumar, (2016). Abundância e estado das aves aquáticas migratórias em Mandaitivu e áreas adjacentes em Jaffna, Sri Lanka. Pages 324-324 in Peradeniya University International Research Sessions. Universidade de Peradeniya, Peradeniya.

Wijesundara, C, S., Warakagoda, D., Sirivardana, U., Chathuranga, D., Hettiarachchi, T., Perera, N., Rajkumar, P., Wanniarachchi, S., e Weerakoon, G., (2017). Diversidade e conservação de aves aquáticas na Região Avifaunal do Norte do Sri Lanka. Ceylon Journal of Science 46 (Edição Especial): 143-155.

Apêndice: Estatuto das espécies de aves registadas nos três tipos de vegetação na região lagunar de Nanthikadal, no Sri Lanka

Estado de conservação nacional (NCS): Estado de conservação global (GCS):

Em perigo (EN): Vulnerável (VU): Quase ameaçada (NT): Pouco preocupante (LC): Não avaliado (NE): Migrante (M), Residência (R).

N ão .	Nome comum	Nome científico	Família	Reside nte/Mi grante	Estado de conservação	
					NCS	GCS
1	Garganey	*Anas querquedula*	Anatidae	M	-	LC
2	Pombo bravo	*Anas penelope*	Anatidae	M	-	LC
3	Pato-trombeteiro	*Anas clypeata*	Anatidae	M	-	LC
4	Marreco assobiador menor	*Dendrocygna javanica*	Anatidae	R	LC	LC
5	Pavão indiano	*Pavo cristatus*	Phasianidae	R	LC	LC
6	Pintassilgo do Ceilão	*Galloperdix bicalcarata*	Phasianidae	R	NT	LC
7	Sri Lanka Pombo verde	*Treron pompadora*	Columbidae	R	LC	LC
8	Pombo verde de peito laranja	*Treron bicinctus*	Columbidae	R	LC	LC
9	Caucal comum	*Centropus sinensis*	Cuculídeos	R	LC	LC
10	Malkoha de cara azul	*Phaenicophaeus viridirostris*	Cuculídeos	R	LC	LC
11	Cuco jacobino	*Clamator jacobinus*	Cuculídeos	R	LC	LC
12	Palm Swift	*Cypsiurus balasiensis*	Apodídeos	R	LC	LC
13	Andorinhão-de-crista	*Hemiprocne coronata*	Hemiprocnídeo s	R	LC	LC
14	Púrpura do pântano	*Porphyrio porphyrio*	Rallidae	R	LC	LC

N ão .	Nome comum	Nome científico	Família	Reside nte/Mi grante	Estado de conservação	
					NCS	GCS
15	Pintassilgo de cabeça cinzenta	*Porphyrio poliocephalus*	Rallidae	R	LC	LC
16	Galinha-d'água de peito branco	*Amaurornis phoenicurus*	Rallidae	R	LC	LC
17	Pernilongo de asa preta	*Himantopus himantopus*	Recurvirostríde os	R/M	-	NA
18	Abibe-de-bico-vermelho	*Vanellus indicus*	Charadriidae	R	LC	LC
19	Abibe-de-bico-amarelo	*Vanellus malabaricus*	Charadriidae	R	LC	LC
20	Tarambola de Kentish	*Charadrius alexandrinus*	Charadriidae	R/M	PT	NA
21	Tarambola-pequena	*Charadrius dubius*	Charadriidae	R/M	-	LC
22	Tarambola-das-pedras-grandes	*Esacus recurvirostris*	Charadriidae	R/M	-	NT
23	Maçarico de cauda preta	*Limosa limosa*	Scolopacidae	M	-	NT
24	Pintassilgo do Norte	*Anas acuta*	Anatidae	M	-	LC
25	Pata-vermelha comum	*Tringa totanus*	Scolopacidae	M	-	LC
26	Maçarico-dos-pântanos	*Tringa stagnatilis*	Scolopacidae	M	-	LC
27	Maçarico-das-rochas	*Tringa glareola*	Scolopacidae	M	-	LC
28	Maçarico-real	*Actite hypoleucos*	Scolopacidae	M	-	LC
29	Falarope de pescoço vermelho	*Phalaropus lobatus*	Scolopacidae	M	-	LC
30	Tarambola-caranguejeira	*Dromas ardeola*	Dromadídeos	R/M	-	LC
31	Gaivota de cabeça castanha	*Larus brunnicephalus*	Larídeos	M	-	LC
32	Cegonha pintada	*Mycteria leucocephala*	Ciconiídeos	R	LC	NT

N ão .	Nome comum	Nome científico	Família	Reside nte/Mi grante	Estado de conservação	
					NCS	GCS
33	Cegonha de pescoço branco	*Ciconia episcopus*	Ciconiídeos	R	LC	NT
34	Bico aberto asiático	*Anastomus oscitans*	Ciconiídeos	R	LC	LC
35	Ajudante menor	*Leptoptilos javanicus*	Ciconiídeos	R	PT	VU
36	Tartaruga da Índia	*Anhinga melanogaster*	Anhingidae	R	LC	NT
37	Cormorão indiano	*Phalacrocorax fuscicollis*	Phalacrocoraci dae	R	LC	LC
38	Pequeno corvo-marinho	*Phalacrocorax niger*	Phalacrocoraci dae	R	LC	LC
39	Corvo-marinho-grande	*Phalacrocorax carbo*	Phalacrocoraci dae	R	NT	LC
40	Pelicano-de-bico-vermelho	*Pelecanus philippensis*	Pelecanídeos	R	LC	NT
41	Garça-real	*Ardeola grayii*	Ardeídeos	R	LC	LC
42	Garça-real	*Ardea cinerea*	Ardeídeos	R	LC	LC
43	Garça-real	*Butorides striata*	Ardeídeos	R	LC	LC
44	Garça-preta	*Ixobrychus flavicollis*	Ardeídeos	R/M	LC	NA
45	Garça-vermelha	*Ardea purpurea*	Ardeídeos	R	LC	LC
47	Garça-branca-pequena	*Egretta intermedia*	Ardeídeos	R	LC	LC
46	Garça-branca-grande	*Ardea alba*	Ardeídeos	R	LC	LC
48	Garça-branca-pequena	*Egretta garzetta*	Ardeídeos	R	LC	LC
49	Garça-boieira	*Bubulcus coromandus*	Ardeídeos	R/ M	LC	NA

N ão .	Nome comum	Nome científico	Família	Residente/Migrante	Estado de conservação	
					NCS	GCS
50	Íbis de cabeça preta	*Threskiornis melanocephalus*	Threskiornithidae	R	LC	NT
51	Íbis-lustroso	*Plegadis falcinellus*	Threskiornithidae	M	-	LC
52	Milhafre-real	*Haliastur indus*	Accipitrídeos	R	LC	LC
53	Milhafre-real	*Elanus caeruleus*	Accipitrídeos	R	LC	LC
54	Águia-marinha-de-barriga-branca	*Haliaeetus leucogaster*	Accipitrídeos	R	LC	LC
55	Águia-pesqueira-de-cabeça-cinzenta	*Ichthyophaga ichthyaetus*	Accipitrídeos	R	NT	NT
56	Tartaranhão-caçador de Montagu	*Circus pygargus*	Accipitrídeos	M	-	LC
57	Tartaranhão-caçador	*Circus aeruginosus*	Accipitrídeos	M	-	LC
58	Águia-serpente-de-crista	*Spilornis cheela*	Accipitrídeos	R	LC	LC
59	Coruja de peixe castanho	*Ketupa zeylonensis*	Strigidae	R	LC	LC
60	Poupa eurasiática	*Upupa epops*	Upupidae	R	LC	LC
61	Calau-preto do Malabar	*Anthracoceros coronatus*	Bucerotidae	R	NT	NT
62	Martim-pescador	*Ceryle rudis*	Alcedinídeos	R	LC	LC
63	Guarda-rios de cegonha	*Pelargopsis capensis*	Alcedinídeos	R	LC	LC
64	Martim-pescador de peito branco	*Halcyon smyrnensis*	Alcedinídeos	R	LC	LC
65	Martim-pescador comum	*Alcedo atthis*	Alcedinídeos	R	LC	LC

N ão .	Nome comum	Nome científico	Família	Residente/Migrante	Estado de conservação	
					NCS	GCS
66	Abelharuco de cauda azul	*Merops philippinus*	Meropídeos	M	-	LC
67	Pica-pau-amarelo-pequeno	*Picus chlorolophus*	Picídeos	R	NT	LC
68	Periquito Alexandrino	*Psittacula eupatria*	Psitaculídeos	R	NT	NT
69	Pitta indiano	*Pitta brachyura*	Pittidae	M	-	LC
70	Papa-moscas de sobrancelha branca	*Rhipidura aureola*	Rhipidurídeos	M	LC	
71	Cotovia indiana	*Alauda gulgula*	Alaudidae	R	LC	LC
72	Sri Lanka Picanço-da-madeira	*Tephrodornis* affinis	Vangídeos	R	LC Endémica	
73	Drongo preto	*Dicrurus macrocercus*	Dicrurídeos	R	LC Endémica	NA
74	Bolbo vermelho	*Pycnonotus cafer*	Pycnonotidae	R	LC	LC
75	Tagarela de capa castanha	*Pellorneum fuscocapillum*	Pellorneidae	R	LC Endémica	LC
76	Micáceas comuns	*Acridotheres tristis*	Sturnidae	R	LC	LC
77	Garajau-rosado	*Chlidonias hybrida*	Larídeos	M	-	NA
78	Garajau-do-cáspio	*Hydroprogne caspia*	Larídeos	R/M	CR	NA
79	Alvéola-da-floresta	*Dendronanthus indicus*	Motacillidae	M	-	LC

Apêndice 2. Imagens de algumas aves registadas na lagoa de Nanthikadal

Aves endémicas registadas(E) (NCS)

Nome científico	Nomes comuns	Imagem
Tephrodonis affinis	Sri Lanka madeira srinke	
Dicrurus lophorinus	Drongo-de-crista do Sri Lanka	
Pellorneum fuscocapillus	Tagarela de capa castanha	

Aves quase ameaçadas registadas (NT) (NCS)

Nome científico	**Nome comum**	Imagem
Galloperdix bicalcarata	Pintassilgo do Ceilão	
Phalacrocorax carbo	Corvo-marinho-grande	
Ichthyophaga ichthyaetus	Águia-pescadora-de-cabeça-amarela	
Anthracoceros coronatus	Calau-preto do Malabar	
Picus chlorolophus	Menor Pica-pau-de-nariz-amarelo	
Psittacula eupatria	Periquito alexandrino	

Algumas espécies de aves aquáticas registadas (NT), (GCS)

Nome científico	**Nome comum**	Imagem
Porphyrio porphyrio	Púrpura do pântano	
Anas penelope	Pombo bravo	
Anas querquedula	Garganey	
Dendrocygna javanica	Marreco assobiador menor	
Himantopus himantopus	Pernilongo de asa preta	
Vanellus malabaricus	Abibe-de-bico-amarelo	

Limosa limosa	Maçarico de cauda preta	
Ardea purpurea	Garça-vermelha	
Dromas ardeola	Tarambola-caranguejeira	
Plegadis falcinellus	Íbis-lustroso	
Mycteria leucocephala	Cegonha pintada	

Bubulcus coromandus	Garça-boieira	
Pelecanus philippensis	Pelicano-de-bico-vermelho	
Ciconia episcopus	Cegonha de pescoço branco	

SOBRE O AUTOR

S.M. Nilmini Samarakoon (Autora) é candidata a um mestrado em Biodiversidade, Ecoturismo e Gestão Ambiental Sustentável, no Instituto de Pós-Graduação em Ciências, Universidade de Peradeniya, Sri Lanka e Investigadora, Athor, Apresentadora em congressos internacionais de investigação e autora em revistas internacionais de investigação. Este livro é a sua investigação em curso sobre o "potencial de promoção do aviturismo na lagoa nanthikadal, distrito de mullaitivu, Sri Lanka"

Correio eletrónico - nimmip.samarakoon@gmail.com

MIX
Papier aus verantwortungsvollen Quellen
Paper from responsible sources
FSC® C105338

Printed by Books on Demand GmbH, Norderstedt / Germany